REIHE AUTOMATISIERUNGSTECHNIK

HERAUSGEGEBEN VON B. WAGNER UND G. SCHWARZE   BAND 54

Gerhard Jeschke

Kleines Lexikon
der Betriebsmeßtechnik

Springer Fachmedien Wiesbaden GmbH

REIHE AUTOMATISIERUNGSTECHNIK

ISBN 978-3-663-00711-1   ISBN 978-3-663-02624-2 (eBook)
DOI 10.1007/978-3-663-02624-2

Lektor: *Jürgen Reichenbach*

Bestellnummer: 5054

Einbandgestaltung: *Peter Kohlhase*

Vorwort

Wie die Automatisierungstechnik überhaupt, so ist auch die Betriebsmeßtechnik mit den verschiedenen Zweigen der Technik, vor allem aber mit dem Maschinenbau und der Elektrotechnik, gewachsen und hat sich schließlich zu einer eigenen Disziplin entwickelt. Daher finden sich im Wortschatz der Betriebsmeßtechnik neben den Begriffen der Physik und der allgemeinen Meßtechnik auch solche aus dem Maschinenbau und der Elektrotechnik. Die Beschreibung des dynamischen Verhaltens von Meßeinrichtungen machte es später notwendig, auch aus der Mathematik und der Theorie der Regelungen Begriffe in den Wortschatz der Betriebsmeßtechnik aufzunehmen.

Bei derart verschiedenen Quellen ist es nicht verwunderlich, daß gleichartige Erscheinungen unterschiedlich benannt werden oder daß derselbe Begriff (wie z. B. *Dämpfung*) unterschiedlich definiert wird. Zur Zeit arbeiten sowohl nationale als auch internationale Gremien daran, diese Begriffsvielfalt durch Begriffsstandards und durch Nomenklatur-Empfehlungen zu bereinigen. Dabei muß sowohl die Verknüpfung der Zweige der Technik untereinander als auch der internationale Sprachgebrauch berücksichtigt werden.

Neben den Begriffen aus der Theorie der Meßtechnik wurden auch die wichtigsten Verfahren der Betriebsmeßtechnik in den Band aufgenommen und in vielen Fällen anhand von Skizzen erläutert. Soweit möglich, wurden auch spezielle Gerätebegriffe, wie Schutzrohr, Meßeinsatz usw., behandelt. Bei dem vorgegebenen Umfang bleiben hier sicher einige Wünsche offen.

Durch die vorliegende Auswahl von Begriffen soll sowohl dem in der Praxis stehenden Ingenieur eine Nachschlagmöglichkeit über Grundsatzprobleme gegeben werden als auch dem Studierenden die Einarbeitung in die Betriebsmeßtechnik erleichtert werden. Nicht zuletzt sollen auch die Leser der REIHE AUTOMATISIERUNGSTECHNIK eine kurze und hinreichende Erläuterung zu meßtechnischen Begriffen erhalten, soweit diese in den anderen Bänden der Reihe verwendet werden.

Herrn Dipl.-Ing. *B. Wagner* und Herrn Dr. *R. Roeber* danke ich für Hinweise bei der Durchsicht des Manuskriptes.

Berlin

G. Jeschke

Hinweise für die Benutzung

1. Ein Pfeil (↑) weist darauf hin, daß das folgende Wort Stichwort dieses Lexikons ist.

2. Die Abkürzung RA weist auf Bände der REIHE AUTOMATISIERUNGS-TECHNIK hin.

3. BMSR-Technik Betriebs-Meß-, Steuerungs- und Regelungstechnik

A

Abbildungsgröße

In einer aus mehreren Wandlern zusammengesetzten Meßeinrichtung zur Kennzeichnung der auftretenden *Signalträger* (z. B. Spannung, Strom, Frequenz oder Druck) verwendeter Begriff. Er wird zweckmäßig zugunsten des exakteren ↑*Signal*-Begriffs vermieden. ↑*Abbildungssignal*.

Abbildungssignal

In einer aus ↑*Wandlern* ($W_1, \ldots, W_n$, s. Bild) zusammengesetzten Meßeinrichtung wird das Meßsignal x_e der Meßgröße durch den ersten Wandler in das natürliche Abbildungssignal x_1 und durch eventuelle weitere Wandler in entsprechende Abbildungssignale $x_1, \ldots, x_n$ gewandelt. Der letzte Wandler der Kette liefert das Ausgangssignal x_a der Meßeinrichtung. ↑*Signal*.

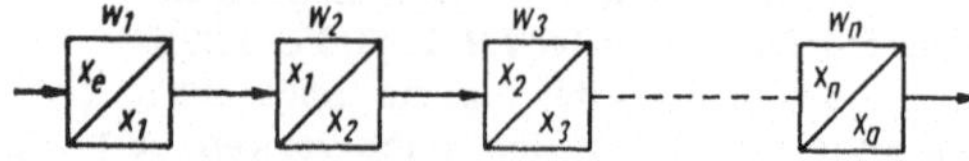

Ablesegenauigkeit

Die A. einer Skale hängt ab vom ↑*Skalenwert*, vom Teilstrichabstand, von der Ausführung der Teilungsmarken und der Ablesemarke (Zeiger), vom Abstand zwischen ↑*Skale* und Auge des Ablesenden sowie von Ablesehilfsmitteln. Bei Betriebsmeßgeräten, die in Warten installiert sind, ist der Ablesende häufig mehr als 1 m von der Skale entfernt. Spiegelskalen und andere Ablesehilfsmittel finden hier keine Verwendung. Die A. ist in diesem Fall gleich dem halben Skalenwert. Dieser sollte nicht kleiner gewählt werden als der *absolute (Grund-)* ↑*Fehler*.

Abschlußwiderstand

Bei nachrichtentechnischen Leitungen, Vierpolen und Meßgeräten üblicher Begriff für ↑*Belastungswiderstand* oder ↑*Bürde*.

Absolute Einheiten

System elektrischer Einheiten, das auf der Definition des Ampere (A) als Grundeinheit und dessen Anschluß an die mechanischen Einheiten über die Gleichung

$$1 \, J_{abs} = 1 \, W_{abs} \, s = 1 \, A_{abs} \, V_{abs} \, s$$
$$= 1 \, Nm$$

beruht. Die A. werden seit dem 1. Januar 1948 international empfohlen. Die Indizes abs oder a werden im Zusammenhang mit den gesetzlichen Kurzzeichen der Maßeinheiten nicht mehr verwendet. Sie dienen nur der speziellen Gegenüberstellung zu den Einheiten des nicht mehr gültigen ↑*Internationalen Maßsystems der Elektrotechnik*.

Förster: Die gesetzlichen Einheiten und ihre Anwendung. Leipzig 1961.

Absoluter (Grund-) Fehler

↑*Fehler*.

Absorptionsverfahren

Verfahren zur Analyse von Gasgemischen. Das Gasgemisch wird dabei durch eine Absorptionsflüssigkeit geleitet, die nur die zu bestimmende Komponente absorbiert. Aus dem Verhältnis des Anfangsvolumens zum Restvolumen des Gases ergibt sich der Anteil der zu messenden Komponente. Das Verfahren findet sowohl für kontinuierlich als auch für diskontinuierlich arbeitende Geräte Anwendung. RA 22.

Abtastverfahren

Verfahren zur Messung des Füllstands von mit Schüttgütern gefüllten Behältern, bei dem zyklisch ein an einer

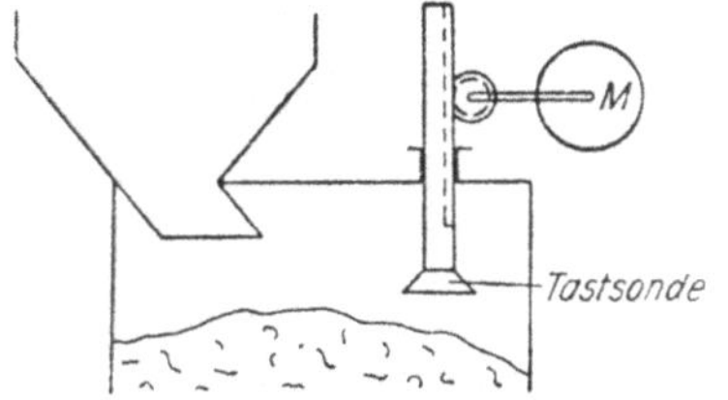

Stange (s. Bild) oder an einem Seil befestigter Tastkörper den Füllstand abtastet und bei dem der Meßwert bis zum nächsten Tastvorgang gespeichert wird. RA 31.

A/D-Umsetzer

A/D-Umsetzer sind Wandler, die ein analoges Eingangssignal in ein digitales Ausgangssignal umsetzen. In Meßeinrichtungen kann der A. z. B. ein Umsetzer sein, der das analoge Signal einer mit einem Thermoelement gemessenen Temperatur zur Auswertung in einer Datenerfassungsanlage in ein kodiertes Signal umsetzt. RA 46, TGL 14591, DIN 19226.

Aggressivität

Qualitativer Begriff zur Kennzeichnung der korrodierenden Einwirkung chemischer Medien auf Baustoffe, Armaturen und BMSR-Einrichtungen von Chemieanlagen.

Aktiver Zweipol

Elektrisches Netzwerk, dessen ↑*Ersatzschaltbild* neben einem Widerstand auch eine Spannungsquelle als aktives Element enthält. Das Netzwerk selbst kann aus beliebig vielen aktiven und passiven Elementen aufgebaut sein.

Aktives Element

Elektrisches Schaltelement, das Energie abgeben kann (Spannungsquelle). Netzwerke, die mehrere aktive und passive Elemente enthalten, werden nach den Rechenmethoden der ↑*Zweipoltheorie* zu einem ↑*aktiven Zweipol* mit Ersatzspannungsquelle und Ersatzinnenwiderstand zusammengefaßt. Bei aktiven Zweipolen von Wechselstromnetzwerken liefert das A. eine Wechselspannung, und die Widerstände sind als komplexe Widerstände aufzufassen. Einige Geberelemente der Betriebsmeßtechnik (Thermoelement, Fotoelement) können als aktive Zweipole dargestellt werden.

Analog-Digital-Wandler

Analog-Digital-Wandler sind ↑*Wandler*, die ein analoges Eingangssignal in ein digitales Ausgangssignal umsetzen (A/D-Umsetzer).

Analoges Signal

↑*Signal*, bei dem der Informationsparameter innerhalb eines vorgegebenen Änderungsbereichs jeden beliebigen Wert annehmen kann. Analoge Signale können sowohl als ↑*kontinuierliche* als auch als ↑*diskontinuierliche Signale* auftreten. Gegensatz: *diskretes Signal*. TGL 14591, DIN 19226.

Analogie

Zwei verschiedene physikalische Systeme sind analog, wenn sie sich durch dagleiche System von Gleichungen beschreiben lassen. Daher können die Elemente eines dieser beiden Systeme mit Hilfe von Analogietafeln (s. Literatur) in die Elemente des anderen Systems übertragen werden, wenn in diesem System das statische oder dynamische Verhalten auf Grund von aufbereiteten Rechenverfahren oder von einfacherer

Experimentiermöglichkeit bequemer untersucht werden kann. Diese Möglichkeiten bietet vor allem die Elektrotechnik. Daher wurden elektromechanische, elektroakustische und auch elektrohydraulische Analogien aufgestellt.

Beispiel : Darstellung eines mechanischen Systems aus Feder n, Masse m, Dämpfung w und Kraft F (s. Bild a) als Spannungsanalogie (s. Bild b) oder als Stromanalogie (s. Bild c).

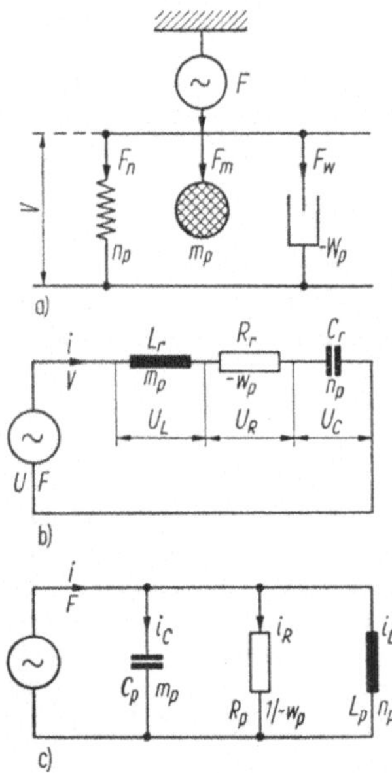

Analogiebetrachtungen bilden die Grundlage des Einsatzes elektrischer und auch pneumatischer Analogrechner. Neben Schwingungsvorgängen können auch gleichförmige Strömungsvorgänge von Gasen und Flüssigkeiten in Analogie zu Gleichstromvorgängen betrachtet werden. In der Betriebsmeßtechnik sind A. u. a. auf Druckmeßeinrichtungen sowie auf pneumatische und kraftkompensierende Meßeinrichtungen anwendbar.

Reichardt : Grundlagen der Elektroakustik. Leipzig 1954.

Gille, Pelegrin, Decaulne : Lehrgang der Regelungstechnik, Bd. 1. Berlin und München 1960.

Hecht : Schaltschemata und Differentialgleichungen elektrischer und mechanischer Schwingungsgebilde. Leipzig 1954.

Änderungsbereich eines Signals

Der Ä. kennzeichnet die Gesamtheit der Werte, die der ↑*Informationsparameter* eines Signals annehmen kann. ↑*Meßwandler* werden so ausgelegt, daß sie den durch die Meßgröße vorgegebenen Änderungsbereich des Informationsparameters des Eingangssignals in den durch die anschließende Informationsverarbeitung vorgegebenen Änderungsbereich des Informationsparameters des Ausgangssignals (z. B. 0,2 bis 1 kp/cm²) übertragen. TGL 14591, DIN 19226.

Anheizzeit

A. ist die Zeit, die notwendig ist, um in einer elektrischen Meß- oder Regeleinrichtung nach dem Einschalten der Hilfsenergie die in den *normalen* ↑*Prüfbedingungen* festgelegte Betriebstemperatur zu erreichen. Die A. muß in den normalen Prüfbedingungen für jede BMSR-Einrichtung (oder für Teile davon) angegeben werden. Die Werte für die A. nimmt man nach der Reihe 5, 15, 30, 60, 120 min.

Anlaufwert

Der A. gibt bei zählenden Meßgeräten (↑*Zähler*) den Wert der Eingangsgröße an, bei dem das Gerät zu zählen beginnt. ↑*Belastung.* TGL 0-1319, DIN 1319.

Anpassung

A. ist die nach bestimmten Optimierungsgesichtspunkten durchgeführte Auslegung der Anschlußparameter zwischen zwei in einer Informationskette aufeinander folgenden Gliedern. Für elektrische Glieder einer Übertragungskette wird unterschieden zwischen:

1. *Leistungsanpassung*

Für eine Quelle mit dem Innenwiderstand R_i (s. Bild a) und einen Empfänger mit dem Eingangswiderstand R_a gilt die Anpaßbedingung $R_a = R_i$, wenn von der Quelle die auf Grund ihrer Eigenschaften (U_1, R_i) maximal mögliche Leistung abgegeben werden soll. Bei komplexen Widerständen müssen Betrag und Phase angepaßt

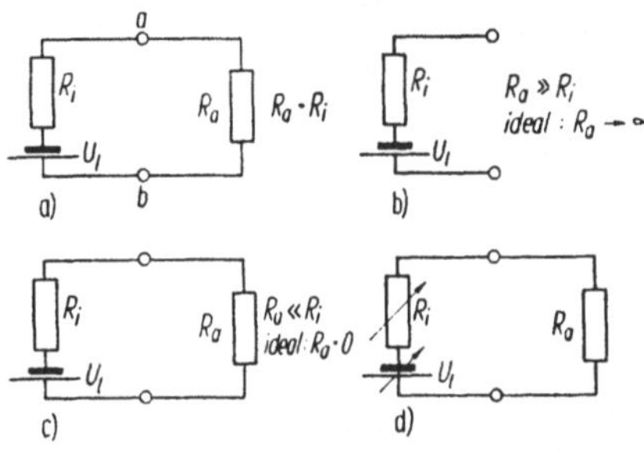

werden. Ist der Widerstand des Empfängers bereits fest vorgegeben, so kann dieser der Quelle bei Wechselstromkreisen durch ↑*Anpassungstransformatoren* angepaßt werden.
↑*Leistungs-A.* wird angewendet, wenn entweder der Empfänger ein Leistungsverbraucher ist (Drehspulsysteme, Lautsprecher) oder wenn bei vorgegebener Ausgangsleistung möglichst große Entfernungen zwischen zwei Übertragungsgliedern ohne Zwischenverstärker überbrückt werden sollen.

2. *Spannungsanpassung*

Anpaßbedingung: $R_a \gg R_i$ (s. Bild b). Der Idealfall der ↑*Spannungs-A.* wird im Leerlauffall ($R_a = \infty$) erreicht. Hier liegt an den Klemmen a und b die volle Leerlaufspannung U_1. Spannungs-A. wird zwischen den einzelnen Stufen von Röhrenspannungsverstärkern angewendet. In der BMSR-Technik entspricht der Spannungs-A. die Betriebsart ↑*eingeprägte Spannung*. Das ↑*Ersatzschaltbild* (s. Bild b) mit konstantem Innenwiderstand R_i und konstanter Leerlaufspannung U_1 ist für diese Betriebsart jedoch meist nicht anwendbar, da die eingeprägte Spannung meist durch einen geschlossenen Kompensationskreis erzeugt wird, dessen Ersatzschaltbild durch variables R_i und U_1 dargestellt werden muß. Die Werte dieser beiden Größen ändern sich gemäß Bild d mit jedem Belastungsfall.

3. *Stromanpassung*

Anpaßbedingung: $R_a \ll R_i$ (s. Bild c). Der Idealfall der ↑*Strom-A.* wird durch den Kurzschluß der Quelle erreicht ($R_a = 0$). Der Strom wird dann gemäß $I_k = U_1/R_i$ nur durch den Innenwiderstand begrenzt. In der BMSR-Technik entspricht der Strom-A. die Betriebsart ↑*eingeprägter Strom*. Das Ersatzschaltbild c mit konstanten Werten für R_i und U_1 kann hier ebenfalls nicht angewendet werden, wenn der eingeprägte Strom durch einen geschlossenen Kompensationskreis erzeugt wird (↑*Lindeck-Rothe-Kompensator*). Anzuwenden ist das Ersatzschaltbild nach Bild d.

Anpassungstransformator

Wandler, der zwischen zwei Glieder eines Übertragungswegs geschaltet wird, wenn der Ausgangswiderstand R_i der Quelle und der Eingangswiderstand R_a des Empfängers nicht die Bedingung $R_i = R_a$ für die ↑*Leistungsanpassung* erfüllen. Durch Zwischenschaltung eines A. mit dem Windungsverhältnis

$$\ddot{u} = \frac{w_1}{w_a} = \sqrt{\frac{R_i}{R_a}}$$

kann die Leistungsanpassung erreicht werden (R_i und R_a können auch kompelx sein).

Anschlußkopf

Standardisierte Armatur (DIN 43 729, TGL 9248) zur Aufnahme und zum Schutz der Anschlußklemmen von ↑ *Widerstandsthermometern* und ↑ *Thermoelementen*. Je nach Ausführung dieser Meßfühler wird der A. entweder vom ↑ *Meßeinsatz* oder vom ↑ *Schutzrohr* getragen.

Ansprechempfindlichkeit

Der Begriff A. ist nicht korrekt. Er ist durch ↑ *Anlaufwert* oder ↑ *Ansprechwert* zu ersetzen. DIN 1319, TGL 0-1319.

Ansprechwert

Der A. (auch als *Ansprechunempfindlichkeit* bezeichnet) gibt bei ↑ *Meßeinrichtungen* den Mindestwert des ↑ *Eingangssignals* an, der eine reproduzierbare Änderung der Anzeige oder des Ausgangssignals ergibt. Der A. geht in den *(Grund-)*↑ *Fehler* ein. DIN 1319, TGL 0-1319.

Anzeige

An der Skale eines Meßgeräts oder einer Meßeinrichtung abgelesener Stand der Marke. Die A. wird in der Betriebsmeßtechnik in Einheiten der ↑ *Meßgröße* oder in Skalenteilen angegeben. DIN 1319, TGL 0-1319.

Anzeigebereich

Der A. ist der Bereich der ↑ *Meßwerte*, die an einem Meßgerät abgelesen werden können. Im Gegensatz dazu umfaßt der ↑ *Meßbereich* nur den Teil des A., für den der Fehler der Anzeige innerhalb der vereinbarten ↑ *Fehlergrenzen* bleibt. DIN 1319, TGL 0-1319.

Anzeigegeräte

A. sind Einrichtungen, die der Anzeige von Meßwerten und damit der Informationsausgabe an den Menschen dienen. Im Gegensatz zu den ↑ *anzeigenden Meßgeräten* erfassen die A. die Änderungen der Meßgröße nicht unmittelbar am Meßort, sondern erst nach Abbildung des ↑ *Meßsignals* auf standardisierte ↑ *Signalträger* in einem standardisierten ↑ *Änderungsbereich* (z. B. 0 bis 5 mA Gleichstrom, 0 bis 10 V Gleichspannung, 0,2 bis 1 kp/cm² Druck). Die A. werden zusammen mit den ↑ *Registriereinrichtungen* gelegentlich auch als *Sekundärgeräte* bezeichnet.

Anzeigende Meßgeräte

A. sind mit einer optisch wahrnehmbaren Meßwertanzeige versehen, die den ↑ *Meßwert* am Gerät abzulesen gestattet. Im Gegensatz dazu kann der Meßwert bei Meßeinrichtungen mit analogem oder diskretem Ausgangssignal erst an nachgeschalteten besonderen ↑ *Anzeigegeräten* abgelesen werden.

Arbeitskennlinie

Darstellung der Abhängigkeit $y = f(x)$ zweier Parameter x und y einer Meßeinrichtung, eines anderen Wandlers der BMSR-Technik, eines Bauelements oder auch einer Maschine unter den Bedingungen der Belastung. Der Belastungsgrad kann dabei als Parameter für eine Schar von A. auftreten. Die A. können bei bekannter Belastung aus dem *Leerlaufkennlinienfeld* konstruiert werden. ↑ *Kennlinie*. ↑ *Leerlaufkennlinie*.

Arbeitspunkt

Durch Festwerte aller Variablen einer ↑ *Kennlinie* oder eines ↑ *Kennlinienfelds* definierter Punkt auf einer Kennlinie, um den innerhalb eines *Aussteuerungsbereichs* periodische und stochastische

Schwankungen der Variablen möglich sind. Auf statischen Kennlinien von Gliedern einer Meß- oder Regeleinrichtung entspricht der A. dem *Sollwert* bzw. dem Momentanwert der Führungsgröße.

Beispiel: I_a- U_g-Kennlinie einer Elektronenröhre (s. Bild).

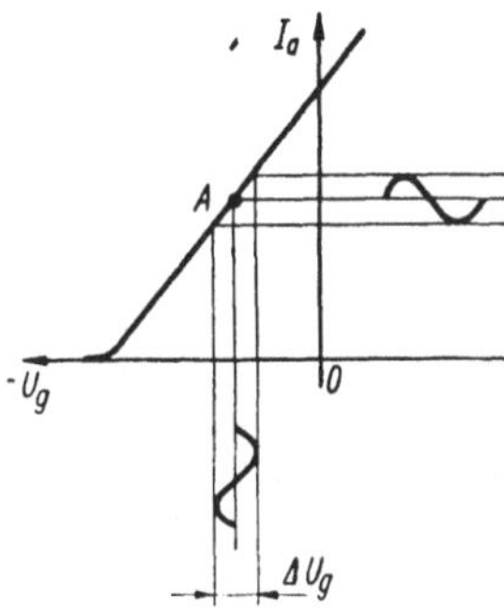

A   Arbeitspunkt
ΔU_g Aussteuerungsbereich

Arithmetischer Mittelwert

↑*Mittelwert.*

Aufgabengröße

Begriff zur Kennzeichnung des Unterschieds zwischen einer mit vertretbarem Aufwand von Meßeinrichtungen erfaßbaren ↑*Meßgröße* und der eigentlich für einen Verfahrensablauf, eine Information, einen Regel- oder einen Steuerprozeß maßgebenden, aber schwer erfaßbaren Größe. Die A. einer Regelung oder Steuerung ist dabei diejenige Größe, deren Beeinflussung die Regelung oder Steuerung zur Aufgabe hat. Der *Aufgabenwert* stellt den Sollwert der Aufgabe dar.

Beispiel:
Aufgabe: Regelung der Dicke von Folien,
Aufgabengröße: Dicke,
Meß- und Regelgröße: ↑*Flächenmasse.*
TGL 14591, DIN 19226.

Auflösungsvermögen

In der Meßtechnik, der Optik, der Akustik und der Fernsehtechnik verwendeter Begriff zur Kennzeichnung der durch Feinstrukturen bedingten Grenzen der Funktionsfähigkeit von ↑*Wandlern* der BMSR-Technik, von nachrichtentechnischen Geräten, von fototechnischen Geräten und Materialien sowie auch von Sinnesorganen (z. B. Auge und Ohr). Die Kennwerte des A. sind unterschiedlich definiert und oft nur mit subjektiven Verfahren meßbar, z. B. wird das A. von Fotopapier und Filmen als die größte Anzahl von Linien je Längeneinheit (z. B. mm) angegeben, die bei der Abbildung verschiedener Strichraster auf dem Material gerade noch einwandfrei erkennbar ist.

In der Betriebsmeßtechnik wird der Begriff A. z. B. zur Kennzeichnung der Feinheit der Wicklung von Drahtpotentiometern angewendet und als Anzahl der Windungen je Längen- oder Winkeleinheit angegeben (z. B. 12 Wdgn./Grad). Beim Aufbau einer Informationsflußkette eines Regelkreises oder einer Steuerkette ist es unwirtschaftlich, die Genauigkeit der beteiligten Wandler über das A. eines z. B. ebenfalls als Wandler wirkenden Potentiometers, das sich in dieser Kette befindet, zu steigern. Ferner wird der Begriff A. in der BMSR-Technik angewendet z. B. zur Kennzeichnung der minimalen Frequenz eines Signals, das auf den ↑*Informationsparameter* „Wechselspannungsamplitude" abgebildet werden kann, um die geforderte Fehlergrenze noch einzuhalten.

Auftriebsverfahren

Verfahren zur Messung des Füllstands in flüssigkeitsgefüllten Behältern, bei dem ein der zu messenden Füllstandsänderung entsprechender Auftriebskörper durch das von ihm verdrängte Flüssigkeitsvolumen eine Auftriebskraft

erfährt. Diese Kraft wird entweder weg-
los nach dem Verfahren der ↑*Kraftkompensation* oder nach dem ↑*Ausschlagverfahren* über einen ↑*Differentialtransformator* (s. Bild) in ein für die Anzeige
oder die weitere Informationsverarbeitung in einer Regel- oder Steuereinrichtung geeignetes Signal übertragen.
RA 31.

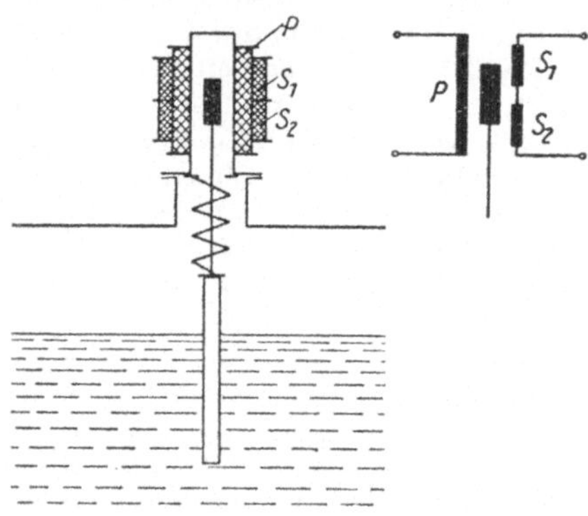

Ausgangssignal

↑*Signal.*

Ausgleichsleitung

Bei der ↑*thermoelektrischen Temperaturmessung* verwendete Spezialleitung für
alle elektrischen Verbindungen zwischen
den *Thermoschenkeln* der beteiligten
↑*Thermopaare* und den Klemmen der
Vergleichsstelle. Die Temperatur an dieser Stelle *(Vergleichstemperatur)* muß
konstant gehalten werden. Die Adern
einer A. stellen die thermoelektrische
Verlängerung der Thermoschenkel dar
und bestehen aus einem Material, das
mit diesen Schenkeln keine Thermospannung erzeugt. Im einfachsten Fall
der thermoelektrischen Temperaturmessung, dem direkten Anschluß eines An-
zeigegeräts an ein Thermoelement, müssen Anzeigegerät und Thermoelement
über eine A. verbunden werden.

Ausgleichszeit

Aus der Sprungantwort $h\,(t)$ gewonnener
↑*Zeitkennwert* eines Gliedes einer Meß-,
Steuer- oder Regeleinrichtung. Die Ausgleichszeit T_a (s. Bild) ist für lineare
Glieder höherer Ordnung in der Darstellung der Funktion $h = \mathrm{f}\,(t)$ als der Ab-
szissenbereich definiert, der zwischen
den Schnittpunkten der Wendetangente
W mit der Abszisse *(↑Verzugszeit)* und
mit der Geraden des Übertragungs-
faktors K liegt. ↑*Totzeit.* TGL 14591
DIN 19226.

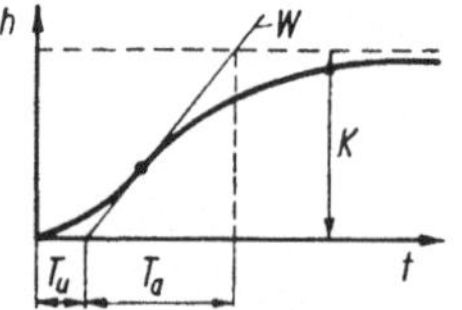

Ausschlagverfahren

Das A. ist ein Arbeitsprinzip für Wandler zur Messung oder Wandlung physikalischer Größen. Die Eingangsgröße
wird hierbei durch einen physikalischen
Effekt (Thermoelement, Drehspulmeßwerk, Feder, Wellrohr), ein elektrisches
Netzwerk ohne Rückkopplungen (Brük-
kenschaltung ohne Nullabgleich, Verstärker ohne Gegenkopplung) oder eine
mechanische Anordnung ohne Rückführungen in das Ausgangssignal umgewandelt. Meßanordnungen nach dem A.
entziehen dem Meßobjekt Energie, wodurch bei energiearmen Meßobjekten
Meßfehler auftreten (z. B. Spannungs-
messung mit Drehspulgeräten an hoch-
ohmigen Meßobjekten). Die Fehler des
A. hängen außerdem stark von der Güte
der verwendeten elektrischen oder mechanischen Bauelemente ab (Alterung
von Widerständen und Röhren, Hyste-
rese von federelastischen Elementen, wie
z. B. Membranen oder Wellrohre).
Gegensatz: ↑*Kompensationsverfahren,*
↑*Nullverfahren.*

Aussetzender Betrieb

Betriebsart von Meßeinrichtungen und elektrischen Maschinen, in der Betriebszeiten und Ruhezeiten in einem bestimmten Rhythmus wechseln. Die *relative Einschaltdauer* wird dabei als Quotient aus Betriebsdauer und Spieldauer (Dauer des Zyklus) angegeben. ↑*Dauerbetrieb*. ↑ *Kurzzeitiger Betrieb*.

Aussetzgenerator

Elektrische Rückkopplungsschwingschaltung, bei der der Koppelfaktor von der Rückkopplungsspule zur Schwingspule durch Einbringen eines Metallkörpers zwischen beide Spulen verändert wird. Dadurch kann der Schwingeinsatz und das Abreißen der Schwingungen gesteuert werden. Schwing- und Ruhezustand können durch Gleichrichtung den Werten Null O und L eines ↑*binären Signals* zugeordnet werden. Der A. wird als Impulsgeber für Zähleinrichtungen und als ↑*Grenzwertschalter* eingesetzt.

Aussteuerungsbereich

Der A. ist derjenige Bereich einer ↑*Kennlinie* eines Geräts oder eines Bauelements, in dem die unabhängige Veränderliche entweder periodische oder stochastische Veränderungen erfährt bzw. erfahren darf. Der zulässige A. wird meist durch die Abszissenwerte begrenzt, bei denen die Kennlinie von einer vorgegebenen Sollform über die zulässigen ↑*Fehlergrenzen* hinaus abweicht. Bei Meßgeräten ist der zulässige A. mit dem ↑*Meßbereich* identisch.

B

Bandbreite

In der allgemeinen Elektrotechnik übliche Bezeichnung der Differenz der beiden *45°-Frequenzen* (↑*Grenzfrequenz*) eines Systems zweiter Ordnung (z. B. RLC-Schaltung).

Absolute B.:

$$b_f = f_{+45} - f_{-45} \quad \text{bzw.}$$

$$b_\omega = \omega_{+45} - \omega_{-45} .$$

Relative B.:

$$b_{rel} = \frac{b_\omega}{b_{\omega r}} = \frac{b_f}{b_{fr}} .$$

In der BMSR-Technik entspricht der B. der Begriff ↑*Frequenzband*. Die B. kann z. B. dem Verlauf der Werte des Scheinleitwertes G_s (s. normierte Darstellung im Bild) eines Reihenresonanzkreises bzw. dem Werteverlauf des Scheinwiderstands R_s eines Parallelresonanzkreises entnommen werden.

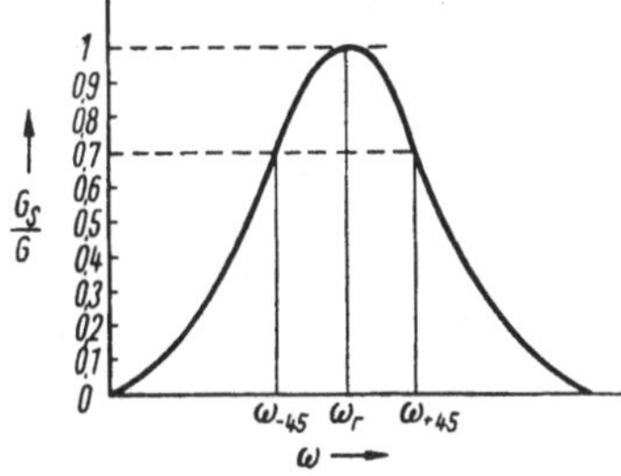

Barton-Zelle

Handelsname für spezielle bis ND 70Q überdrucksichere Differenzdruckmeßfühler, die die Ausgangsgröße Weg haben. Die Meßkammern der Zelle für den positiven und den negativen Druck enthalten Wellrohre W_1 und W_2 (s. Bild), die mit einer inkompressiblen Flüssigkeit gefüllt und miteinander verbunden sind. Bei Druckunterschieden zwischen

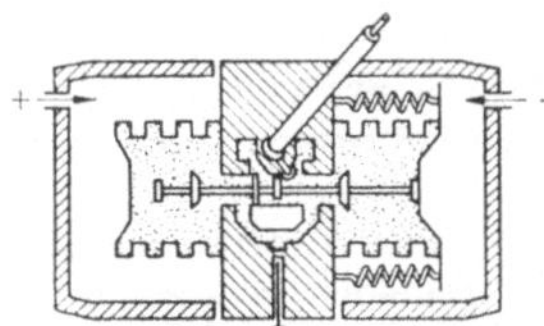

beiden Kammern wirkt der resultierende Druck auf die in der Minuskammer befindlichen Federn und verursacht damit einen Wegausschlag, der von der Stange S auf ein senkrecht zur Zeichenebene angeordnetes Torsionsrohr T weitergeleitet wird und damit die Ausgangsgröße druckdicht in den Außenraum überträgt. Die an der Stange S befestigten Überdruckventilkörper $\ddot{U}$ legen sich bei einseitigem Überdruck an die Dichtflächen und verhindern dadurch den weiteren Transport des inkompressiblen Mediums und damit ein Durchschlagen des Überdrucks in die Unterdruckmeßkammer.

Baugliedplan

Von der Aufteilung einer BMSR-Einrichtung nach Geräten oder Baueinheiten ausgehende Darstellung einer Meß-, Steuer- oder Regeleinrichtung bzw. eines kompletten Regelkreises oder einer kompletten Steuerkette. Die in den B. zu verwendenden Symbole sind z. B. in TGL 14091 dargestellt. ↑*Signalflußplan*.

Baugruppe

Konstruktive Einheit von elektrischen oder mechanischen Bauelementen, die jedoch stets Bestandteil eines Geräts oder eines ↑*Bausteins* ist und daher nicht selbständig auftritt. Bei Wartungs- und Reparaturarbeiten werden schadhafte B. komplett ausgewechselt.

Baustein

In sich geschlossene konstruktive Einheit von elektrischen oder mechanischen Elementen, die mit anderen Bausteinen zu BMSR-Einrichtungen zusammengestellt werden, für sich allein jedoch keine BMSR-Aufgaben erfüllen kann. Gerätesysteme bestehen aus einer begrenzten Zahl von vereinheitlichten Bausteinen, um die Stückzahl der Produktion der Einzelbausteine zu erhöhen und die Wartung zu vereinfachen.

12

Bel

Maß für das Verhältnis zweier Leistungen P_1 und P_2, definiert durch den dekadischen Logarithmus dieses Leistungsverhältnisses:

$$a_{/\mathrm{B}} = \lg \frac{P_1}{P_2} \, .$$

Soll das Bel (Kurzzeichen B) auf Spannungsverhältnisse bezogen werden, so gilt wegen $P = U^2/R$:

$$a_{/\mathrm{B}} = \lg \frac{U_1{}^2}{U_2{}^2} \frac{R_2}{R_1}$$

bzw.

$$a_{/\mathrm{B}} = 2 \lg \frac{U_1}{U_2} \quad \text{für} \quad R_1 = R_2 \, .$$

Für praktisch auftretende Werte wird häufiger das *Dezibel* (Kurzzeichen dB) verwendet:

$$1\,\mathrm{B} = 10\,\mathrm{dB},$$

$$a_{/\mathrm{dB}} = 20 \lg \frac{U_1}{U_2} \quad \text{für} \quad R_1 = R_2 \, .$$

Für Umrechnung in die Maßeinheit ↑*Neper* (N) gilt:

$$1\,\mathrm{N} = 8{,}69\,\mathrm{dB},$$

$$1\,\mathrm{dB} = 0{,}115\,\mathrm{N}.$$

Belastung

Kenngröße für zählende Meßeinrichtungen (↑*Volumenzähler* für Gase und Flüssigkeiten, Amperestundenzähler, Impulszähler). Die B. eines zählenden Meßgeräts (s. TGL 0-1319) ist gleich der Änderungsgeschwindigkeit des Wertes der zu zählenden Größe. Die ↑*Dimension* der B. beträgt daher

$$[B] = \frac{[\text{zu zählende Größe}]}{[\text{Zeit}]} \, .$$

Beispiele :

1. Volumenzähler für Gase und Flüssigkeiten:

$$[B_\mathrm{v}] = \frac{[V]}{[t]} \,.$$

Die B. eines Volumenzählers hat die Dimension der Größe ↑*Durchfluß* (↑*Volumenstrom*).

2. Amperestundenzähler:

$$[B_\mathrm{a}] = \frac{[It]}{[t]} = [I] \,.$$

Die B. eines Amperestundenzählers hat die Dimension eines Stromes.

3. Kilowattstundenzähler:

$$[B_\mathrm{kWh}] = \frac{[UIt]}{[t]} = [UI] \,.$$

Die B. eines Kilowattstundenzählers hat die Dimension der elektrischen Leistung.

4. Impulszähler:

$$[B_\mathrm{i}] = \frac{n}{[t]} = \left[\frac{1}{t}\right] = [f] \,.$$

Die B. eines elektrischen, pneumatischen oder mechanischen Impulszählers hat die Dimension einer Frequenz.

Belastungsbereich

Für ↑*Zähler* der Bereich der ↑*Belastung*, in dem der Fehler der Anzeige oder des Ausgangssignals innerhalb von angegebenen oder vereinbarten Fehlergrenzen bleibt.

Belastungswiderstand

In einem resultierenden Widerstand zusammengefaßte Belastung *(Bürde)* des Ausgangs von Wandlern einer Informationskette. Für Gerätesysteme der BMSR-Technik werden Grenzwerte für den B. festgelegt, z. B. $R_\mathrm{a} = 2\,\mathrm{k}\Omega$ für eingeprägten Strom von 0 bis 5 mA oder $R_\mathrm{a} = 2\,\mathrm{k}\Omega$ für eingeprägte Spannung 0 bis 10 V.

Bernoullische Gleichung

Die B. stellt die Grundlage für die Messung des Durchflusses nach dem ↑*Wirkdruckverfahren* dar. Sie gilt innerhalb der Strömung einer inkompressiblen, reibungsfreien Flüssigkeit für einen horizontal verlaufenden Stromfaden im stationären oder quasistationären Zustand. Sie lautet:

$$\frac{\varrho}{2}\,v_1{}^2 + p_1 = \frac{\varrho}{2}\,v_2{}^2 + p_2;$$

ϱ Dichte der Flüssigkeit,

v_1, v_2 Strömungsgeschwindigkeit an den Stellen *1* und *2*,

p_1, p_2 statischer Druck an den Stellen *1* und *2*.

Berührungsschutz

Betriebsmeßgeräte werden meist in Produktionsräumen montiert und sind dort auch ungeschultem Personal zugänglich. Aus Gründen des Arbeitsschutzes und zum Schutz der Meßeinrichtungen selbst muß jeder Gerätetyp den in den *speziellen* ↑*Betriebsbedingungen* geforderten ↑*Schutzgraden*, die in TGL 15165 und DIN 40050 festgelegt sind, genügen.

Betriebsbedingungen

Zusammenfassung der zulässigen Änderungsbereiche für verschiedene Umwelteinflüsse, in denen BMSR-Geräte ihre Funktionstüchtigkeit beibehalten müssen.

1. *Normale B.*

   Normale B. sind Bedingungen, denen die Mehrzahl der Geräte bei ihrem Einsatz unterliegen. Als *normale B.* gelten folgende Änderungsbereiche der Umweltbedingungen.

Umgebungstemperatur und relative Luftfeuchtigkeit:

entsprechend der für das Gerät festgelegten Klimaschutzart.

Temperatur des Meßmediums: 5 bis 50 °C.

Atmosphärischer Luftdruck: 600 bis 900 Torr.

Spannung der elektrischen Hilfsenergie:

—15 bis +5% vom Nennwert.

Frequenz der elektrischen Hilfsenergie:

50 Hz ± 1 Hz.

Druck der pneumatischen Hilfsenergie:

—10 bis +10% vom Nennwert.

Magnetische Gleich- und Wechselfelder (50 Hz):

0 bis 400 A/m.

Mechanische Schwingungen und Stöße:

werden durch besondere Standards festgelegt.

Eigenschaften der umgebenden Atmosphäre:

Konzentrationen, bei denen das Bedienungspersonal ständig ohne Arbeitsschutzmittel arbeiten kann

2. *Spezielle B.*

Betriebsbedingungen, denen nur einige Geräte unterliegen, werden als *spezielle B.* bezeichnet (↑Klimaschutzarten TF, **THA, TA und F**; hohe Drücke; hohe Temperaturen usw.). Spezielle B. müssen zwischen Hersteller und Anwender von Geräten besonders vereinbart werden.

Betriebskontrollanlage (BKA)

Anlage zur zentralen meßtechnischen Überwachung eines großen Betriebs- oder eines Verfahrensprozesses. Die von einer B. zur erfassenden (etwa 50 bis 500) Meßstellen werden von einem Meßstellen-umschalter zyklisch abgefragt und dabei die von den unterschiedlichen Meßfühlern abgegebenen Signale über ↑*Umsetzer* in ein für die anschließende Registrierung geeignetes digitales Signal umgesetzt. Die Registrierung erfolgt durch Blatt- oder Streifenschreiber entweder periodisch durch Ausdrucken des jeweils anstehenden Meßwerts und (oder nur) beim Überschreiten von vorgegebenen Grenzwerten. Die hauptsächlich erfaßten Meßgrößen sind Temperatur, Druck, Füllstand, Volumen, Durchfluß, elektrische Leistung, Stückzahl und Masse. RA 46.

Betriebskontrolle

1. Überwachung des technologischen Geschehens in Betrieben der chemischen Industrie, der Energiewirtschaft, der Leichtindustrie und des Maschinenbaus durch Betriebsmeßeinrichtungen.

2. Bezeichnung für spezielle Abteilungen großer Chemie- und Energiebetriebe, denen die Projektierung, Installation, Instandsetzung und Wartung der BMSR-Einrichtungen dieser Betriebe obliegt.

Betriebsmeßeinrichtung

1. Im Sinn der BMSR-Technik sind B-Meßeinrichtungen für die Überwachung, Regelung und Steuerung technologischer Prozesse. Derartige B. müssen für einen ↑*Dauerbetrieb* unter ↑*Betriebsbedingungen* geeignet sein. Zu den B. gehören sowohl anzeigende und registrierende Meßeinrichtungen als auch solche, die an ihrem Ausgang ein von einer physikalischen Größe getragenes ↑*Signal* zur weiteren Informationsverarbeitung abgeben.

2. Im Sinn der *Verordnung über das Meßwesen* vom 18. Mai 1961 (GBl. II (DDR) Nr. 32 vom 10. Juni 1961)

sowie der 1. Durchführungsbestimmung dazu vom 15. Aug. 1961 (GBl. II (DDR) Nr. 66 vom 20. Sept. 1961) ist der Begriff B. beispielsweise wesentlich weiter gefaßt. Vom Einsatzgebiet her gehören nach dieser Verordnung insbesondere alle Meßgeräte zu den B., die zur Qualitäts- und Mengenkontrolle beim Ankauf und beim Verkauf von Waren sowie bei der Erfassung von Energie-, Roh- und Hilfsstofflieferungen dienen und die bei der Bestimmung von Lagerbeständen und der Arbeitsleistung verwendet werden.

Das sind dem Charakter nach alle Erzeugnisse, die zu Meßzwecken dienen und

a) mit denen Beträge physikalischer Größen, Beziehungen zwischen diesen oder Eigenschaften zahlenmäßig festgestellt, verglichen, dargestellt oder ausgewertet werden,

b) die physikalisch-technische Einheiten (bzw. Vielfache und Teile davon) verkörpern,

c) mit denen Beträge physikalischer Größen in definierter Art umgeformt werden.

Derartige Geräte müssen vom Hersteller in angemessenen Fristen mit beglaubigten ↑*Normalen* verglichen werden. Soweit die Geräte in der *Liste der eichpflichtigen Geräte* (s. 1. DB vom 15. Aug. 1961) enthalten sind, müssen sie vom Deutschen Amt für Meßwesen und Warenprüfung geeicht sein.

Im gesetzlichen Meßwesen der Bundesrepublik wird der Begriff B. nicht benutzt.

Bilanzierungseinrichtung

Spezielle ↑*Datenverarbeitungsanlage* zur ständigen Bilanzierung eines Produktionsprozesses. Es werden hauptsächlich solche Meßgrößen erfaßt, die über den Material- und Energieverbrauch Aufschluß geben (Volumen, Masse, Füll-stand, elektrische Energie, Stückzählung). Die Meßwerte werden nach der Erfassung innerhalb der B. rechnerisch durch Additions-, Subtraktions-, Multiplikations- und Divisionsprozesse zur Bilanz zusammengefaßt.

Bimetallthermometer

Temperaturmeßeinrichtung, die auf der unterschiedlichen Längendehnung zweier aufeinandergewalzter und spiralförmig gewickelter Metallbänder beruht. Bei Temperaturschwankungen öffnet oder schließt sich die Spirale proportional zur Temperaturdifferenz. Der sich dabei einstellende Drehwinkel ist ein Maß für die Temperatur. Anwendung: anzeigende Meßgeräte für Raumtemperaturmessungen, Meßfühler für Temperaturregelungen und für den Temperaturkreis von Klimaregelungen. RA 27.

Binäres Signal

↑*Diskretes Signal.*

Bleibende Regelabweichung

In Regelungen mit Proportionalcharakteristik strukturbedingte, nicht ausregelbare Differenz zwischen ↑*Istwert* und ↑*Sollwert* der Regelgröße. Auch die Kompensationskreise von Meßeinrichtungen und Wandlern, die nach dem ↑*Kompensationsverfahren* arbeiten, können eine Proportionalcharakteristik haben. Die B. geht daher in den Grundfehler derartiger Wandler als *systematischer Fehler* ein. Sie läßt sich nur durch Änderung der Struktur der Regelung völlig beseitigen (z. B. durch Einführung von I-Anteilen).

Blende

Meßfühler für die Bestimmung des ↑*Volumenstroms* nach dem ↑*Wirkdruckverfahren*. Eine Scheibe mit zentrischer Bohrung (s. Bild a) oder mit halbkreisförmigem Ausschnitt *(Segmentblende)*

wird entweder fest oder auswechselbar
(↑*Steckblende*) in ein Rohr eingebracht
und der durch die Strömung hervor-
gerufene Differenzdruck als Abbildungssignal zur Radizierung und weiteren
Wandlung an eine ↑*Ringwaage*, einen
↑*Schwimmermengenmesser*, einen kraftkompensierenden Differenzdruckwandler

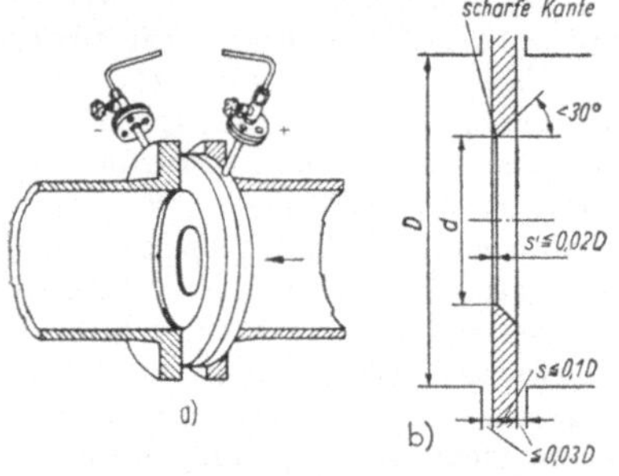

oder einen ähnlichen Wandler weitergeleitet. Die für die Differenzdruckbildung bestimmenden Maße der B. sind
in DIN 1952 und TGL 0-1952 standardisiert (s. Bild b). Gegenüber anderen
Drosselgeräten (↑*Düse*, ↑*Venturidüse*)
hat die B. den Vorteil der leichten Aus-
wechselbarkeit und der geringen Bau-
länge. RA 32.

Blindwarte

In einem fensterlosen Raum unter-
gebrachte ↑*Meßwarte*. Die Betriebsmeßgeräte sowie die Steuer- und Regeleinrichtungen sind in *Meßtafeln* oder in
Pulte eingebaut. Der visuelle Eindruck
von der technologischen Gesamtanlage
fehlt. Der Anlagenfahrer hat nur über
die gleichfalls auf den Meßtafeln und
Pulten befindlichen abstrahierten *Fließbilder* einen Kontakt zur Anlage.
RA 49.

Block

Teil einer Meß-, Steuer- oder Regeleinrichtung, der durch ein besonderes
Übertragungsverhalten gekennzeichnet
ist, d. h. eine Information nach einer
strukturbedingten Gesetzmäßigkeit wei-

terleitet. Die Aufteilung eines ↑*Signalflußwegs* in B. ist nicht an den geräte-
technischen Aufbau der BMSR-Einrichtung aus ↑*Baugliedern* gebunden. In
Signalflußplänen werden B. gewöhnlich
durch Kästchen dargestellt, in die zur
Kennzeichnung des Übertragungsver-
haltens Übergangsfunktionen, Frequenz-
gänge, statische Kennlinien u. ä. einge-
tragen werden können.

Blockschaltbild (Blockbild)

Darstellung des ↑*Signalflußwegs* eines
Meß-, Steuer- oder Regelkreises durch
↑*Blöcke*, die durch Wirkungslinien mit-
einander verknüpft sind. Anstelle des
Begriffs B. ist nach TGL 14591 und
DIN 19226 der Begriff *Signalflußplan*
zu verwenden.

BMSR-Technik

Abkürzung für Betriebsmeß-, Steue-
rungs- und Regelungstechnik.

Bolometer

B. sind allgemein Meßeinrichtungen, die
die Temperaturabhängigkeit von Widerständen zur Messung von Strahlungen,
kleinen Strömen und kleinen Leistungen
ausnutzen. Sie werden vor allem in der
Höchstfrequenztechnik angewendet. In
der Betriebsmeßtechnik wurden B. als
↑*Bolometerverstärker* für *Stromkompen-
satoren* eingesetzt.

Bolometerverstärker

Anordnung von zwei oder vier elektrisch
aufgeheizten Widerständen zu einer
↑*Wheatstone-Brücke*, wobei die Wider-

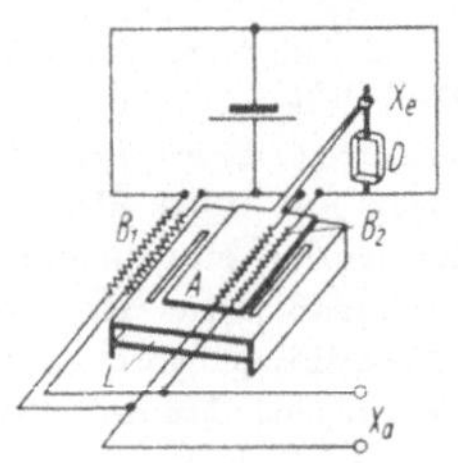

stände durch einen Luftstrom L, der von einer Abdeckfahne A steuerbar ist, gekühlt werden. Eingangssignal ist der Strom durch ein *Dreh-* oder *Kreuzspulsystem D*, das mit der Abdeckfahne starr verbunden ist. Das Ausgangssignal wird von der Diagonalspannung der Brücke getragen (s. Bild). B. wurden früher in Kompensationsschaltungen verwendet.

Brückenschaltung

B. dienen in der Meßtechnik zur Bestimmung von Wirkwiderständen, Kapazitäten und Induktivitäten und von solchen Meßgrößen, die sich durch einfache Wandler auf eine dieser Größen abbilden lassen. Brücken sind Meßschaltungen, in denen reelle, imaginäre oder komplexe Widerstände symmetrisch zu einem Viereck zusammengeschaltet sind, wobei die Brückenspeisespannung *(Hilfsenergie)* über eine der beiden Diagonalen eingespeist wird und die andere Diagonale den Brückenausgang darstellt. Meßbrücken können im ↑*Nullverfahren* oder im ↑*Ausschlagverfahren* betrieben werden.

Brückenschaltungen für Meßzwecke:
↑*Wheatstone-Brücke*, Maxwell-Brücke, Thomson-Brücke, Wien-Robinson-Brücke, Schering-Brücke.

Brückenschaltungen zur Phasendrehung:
Hausrath-Brücke, Wien-Robinson-Brücke.

Krönert: Meßbrücken und Kompensatoren. München und Berlin 1935.

Brückenwaage

Waage, deren Lastträger von mindestens zwei Schneiden getragen wird. RA 23.

Brumm (Brummen)

Störspannung in der Frequenz der elektrischen Hilfsenergie oder einer ihrer niederen Oberwellen. Der B. wirkt in

BMSR-Einrichtungen besonders dann störend, wenn die Amplitude eines Stromes oder einer Spannung als ↑*Informationsparameter* von Signalen verwendet wird.

Brummabstand

Ähnlich dem ↑*Rauschabstand* als Verhältnis der von der ↑*Brummspannung* erzeugten Leistung zur Nutzleistung des Signals definiert. Der B. wird in ↑*Dezibel* (dB) angegeben.

Brummspannung

Quantitative Aussage über den durch unvollständige Glättung der elektrischen ↑*Hilfsenergie* hervorgerufenen ↑*Brumm*. Die B. wird in den Einheiten der elektrischen Spannung angegeben (μV, mV, V). Für die Bewertung des Einflusses der B. auf ein Signal ist die Angabe des Brummabstands als relative Größe in logarithmischer Form der absoluten Spannungsangabe vorzuziehen.

Bürde

Die Belastung des Ausgangs eines ↑*Wandlers* durch das nachfolgende Glied einer Wirkungskette wird B. *(Belastungswiderstand)* genannt. In einheitlichen Systemen von BMSR-Einrichtungen werden für die B. Grenzwerte angegeben.

Entsprechend der in der BMSR-Technik üblichen elektrischen, pneumatischen oder hydraulischen Hilfsenergie und dem jeweils als ↑*Signalträger* verwendeten Parameter wird die zulässige B. ebenfalls als elektrische, pneumatische oder hydraulische Größe angegeben. Für einen elektrischen Ausgang wird die B. als *Belastungswiderstand* und für einen pneumatischen Ausgang als *Anschlußvolumen* oder als *Luftabgabe* (z. B. in dm³/h) angegeben.

C

CGS-Systeme

Die C. sind Systeme von Maßeinheiten, die nur über drei ↑*Grundeinheiten* für die ↑*Grundgrößen* Länge, Masse und Zeit verfügen. Die Einheiten aller anderen Größen werden aus Potenzverknüpfungen dieser drei Größen gebildet, z. B.

Stromstärke: $[I] = \mathrm{cm}^{\frac{3}{2}}\,\mathrm{g}^{\frac{1}{2}}\,\mathrm{s}^{-1}$. Die C. haben seit der Jahrhundertwende an Bedeutung verloren.

Förster: Die gesetzlichen Einheiten und ihre praktische Anwendung. Leipzig 1961.

D

Dämpfung

In der BMSR-Technik, der Dynamik und der Schwachstromtechnik unterschiedlich definierte Kenngröße zur Beurteilung des Schwingungsverhaltens elektrischer Netzwerke und mechanischer Anordnungen bzw. des Informationsverlustes in den Gliedern eines Informationsübertragungsweges:

1. *Leitungstheorie*

Die D. ist durch die *Dämpfungskonstante* a als natürlicher Logarithmus des Verhältnisses der Spannung U_1

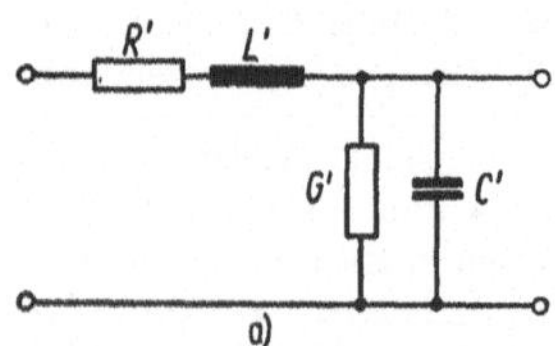

(oder des Stromes I_1) am Ausgang einer 1 km langen homogenen Leitung zur Eingangsspannung U_2 (oder zum Eingangsstrom I_2) dieser Leitung definiert. Als Maßeinheiten sind das ↑*Neper* (N) oder das ↑*Dezibel* (dB) üblich.

$$a_{/\mathrm{N}} = \ln \frac{U_1}{U_2},$$

$$a_{/\mathrm{dB}} = 20 \lg \frac{U_1}{U_2}.$$

Für Leitungen mit kleinen Wirkwiderständen (s. Bild a) gilt:

$$a = \frac{R'}{2}\sqrt{\frac{C'}{L'}} + \frac{G'}{2}\sqrt{\frac{L'}{C'}}.$$

2. *Vierpoltheorie*

Die Dämpfungsmaße der Vierpoltheorie beruhen auf dem natürlichen Logarithmus der Wurzel aus dem Verhältnis einer Bezugsleistung zu der an den Verbraucher abgegebenen Leistung.

3. *BMSR-Technik*

Die Dämpfungsmaße werden aus der Differentialgleichung

$$B_2\ddot{x} + B_1\dot{x} + B_0 x = 0$$

eines Systems zweiter Ordnung abgeleitet, z. B. RLC-Netzwerk oder Feder-Masse-Dämpfungs-Anordnung.

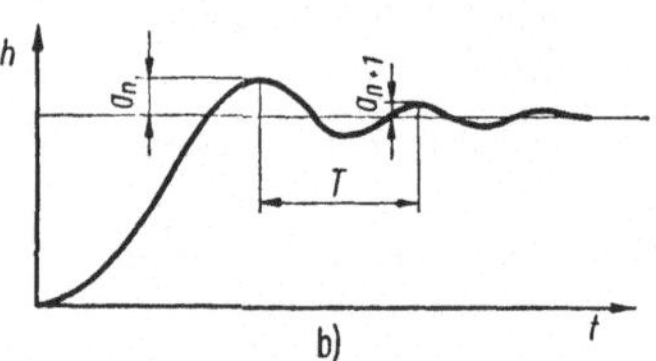

Aus der Sprungantwort eines solchen Systems ergibt sich bei unterkritischer Dämpfung ein Überschwingen gemäß Bild b. Der natürliche Logarithmus des Verhältnisses zweier aufeinanderfolgender Amplituden stellt das ↑*logarithmische Dämpfungsdekrement*

$$D = \ln \frac{a_n}{a_{n+1}}$$

dar. Die Größe

$$z = \frac{B_1}{2\sqrt{B_0 B_2}}$$

wird als *Dämpfungskonstante, Dämpfungskoeffizient* oder *Dämpfungsfaktor* bezeichnet. Dieser Wert gibt über das Verhalten der Sprungantwort Aufschluß. Der spezielle Zahlenwert $z = 1$ ergibt eine *kritische Dämpfung*. Bei Werten $0{,}7 < z < 1$ sind praktisch keine Überschwingungen mehr feststellbar.
Gille, Pelegrin, Decaulne: Lehrgang der Regelungstechnik, Bd. 1. Berlin und München 1961.

4. *Dynamik*

In der Dynamik werden im allgemeinen die gleichen Dämpfungsmaße und -definitionen verwendet wie in der BMSR-Technik. Gelegentlich wird der Begriff *Dämpfungskonstante* auch für den Dämpfungsanteil B_2 der unter Punkt 3 aufgeführten Differentialgleichung allein verwendet.

5. *Gerätetechnik*

Mit dem Begriff G. wird häufig das eine Dämpfung hervorrufende mechanische Bauelement selbst bezeichnet. Üblich sind hierbei Luft- und Öldämpfungen, die z. B. für Anzeige- und Registriergeräte eingesetzt werden und durch Turbulenzerzeugung als *geschwindigkeitsproportionale* D. wirken. Im Gegensatz dazu sind die gewöhnlichen Reibungen der Ruhe und der Bewegung meist Konstantwerte und werden in mechanischen Anordnungen so klein wie möglich gehalten.

↑*Ansprechwert.* ↑*Fehler.*

Dämpfungskonstante

In der Leitungstheorie, der BMSR-Technik und der Dynamik unterschiedlich definierter Kennwert. ↑*Dämpfung.*

Datenlogger (Datalogger)

Aus dem englischen Sprachgebrauch abgeleiteter Begriff für ↑*Datenverarbeitungsanlage.*

Dauerbetrieb (Dauerbelastung)

Betriebsart von Meßeinrichtungen und elektrischen Maschinen, in der diese entsprechend der Betriebszeit der Anlage, deren Bestandteil sie sind, über Stunden, Tage und Wochen ununterbrochen arbeiten. Energieverzehrende Einrichtungen heizen sich im D. bis zu einer Beharrungstemperatur auf, bei der die abgegebene Wärme gleich der erzeugten ist. ↑*Aussetzender Betrieb.* ↑*Kurzzeitiger Betrieb.*

D/A-Umsetzer

Digital-Analog-Wandler, der ein digitales Eingangssignal in ein analoges Ausgangssignal umsetzt. In Meßeinrichtungen kann der D. z. B. ein Umsetzer sein, der das diskrete Signal eines mit Kode- oder Strichscheiben gemessenen Winkels in ein analoges Signal, z. B. meßwertabhängige Amplitude einer Spannung, überträgt. TGL 14591, DIN 19226.

D/D-Umsetzer

Digital-Digital-Wandler, der ein digitales Eingangssignal in ein anderes digitales Signal umsetzt. In Meßeinrichtungen z. B. ein Umsetzer, der eine ständig wachsende Summe von Zählimpulsen in ein von einer Datenerfassungsanlage abfragbares kodiertes Signal umsetzt. TGL 14591, DIN 19226.

Dehnungsmeßstreifen

D. werden in Meßfühlern für Kräfte, Drehmomente, Dehnungen, mechanische Spannungen oder Drücke als Geberelemente zur Wandlung der in allen diesen Meßfühlern auftretenden Abbildungsgröße *Dehnung* in eine Widerstandsänderung verwendet. Sie bestehen aus einem Trägermaterial (meist Papierstreifen), auf das entweder ein mäanderförmiger Widerstandsdraht geklebt oder eine streifenförmige Widerstandsschicht gedruckt ist. Innerhalb der Meßfühler werden die kompletten Streifen auf solche Konstruktionsteile geklebt, die der Dehnung besonders stark ausgesetzt sind, z. B. besondere Verformungskörper, Membranen. Die D. können auch direkt auf Walzenständer, Eisenbahnschienen oder Brückenträger zur Messung der Belastung dieser Teile geklebt werden. Die von der Widerstandsänderung getragene Abbildung des Meßsignals wird über Brückenschaltungen und Meßverstärker in ein für die Informationsverarbeitung geeignetes Signal gewandelt. RA 13.

Dezibel

Kurzzeichen dB (↑Bel).
Maß für das Verhältnis zweier Leistungen P_1 und P_2

$$1 \text{ dB} = 0,1 \text{ B}.$$

Dickenmessung

Die Dicke von Blech, von tafel- oder bandförmigem Plastmaterial sowie von Beschichtungen wird durch *Wegmeßeinrichtungen* bestimmt. Zur Anwendung kommen dabei potentiometrische, induktive und pneumatische Verfahren sowie digitale Lageumsetzer und Meßeinrichtungen mit ionisierenden Strahlen. RA 13, 34, 58.
Hart: Radioaktive Isotope in der Betriebsmeßtechnik. Berlin 1965.

Differentialschaltung

In der Meßtechnik häufig angewendete Schaltung, in der die Differenz zweier Größen gebildet wird. Hauptsächlich in Verbindung mit magnetischen Kreisen und Induktivitäten angewendet. In der BMSR-Technik dienen verschiedene Ausführungsformen von ↑*Differentialtransformatoren* als Meßfühler für Abstände und kleine Wege. In der Steuerungstechnik finden ↑*Differentialrelais* Anwendung.

Differentialtransformator

In der BMSR-Technik häufig angewendetes Bauelement, das je nach Ausführungsform als Weg-Spannungs-Wandler, Winkel-Spannungs-Wandler oder als Rechenglied für die Differenzbildung eingesetzt werden kann.

1. *Weg-Spannungs-Wandler* (s. Bild a)
   Die Primärwicklung L_1 induziert je nach Stellung des Kernes K in L_2

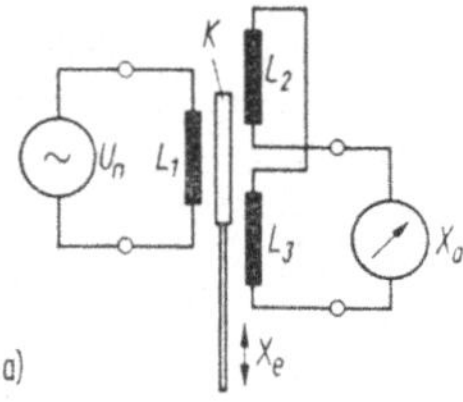

und L_3 unterschiedliche Spannungen. Durch die Gegenschaltung beider Spulen verschwindet x_a bei der Mittelstellung des Kernes (s. Bild b).

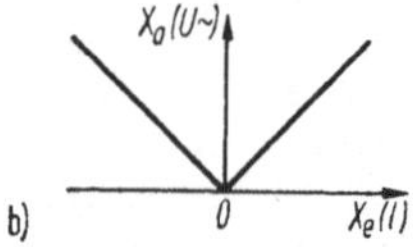

Gleichzeitig springt die Phase um 180°. Die konstruktive Ausführung ist sehr unterschiedlich. Üblich ist entweder eine koaxiale Anordnung der drei Spulen oder der Aufbau als EI-Kern mit verschiebbarem Joch (s. Bilder c und d).

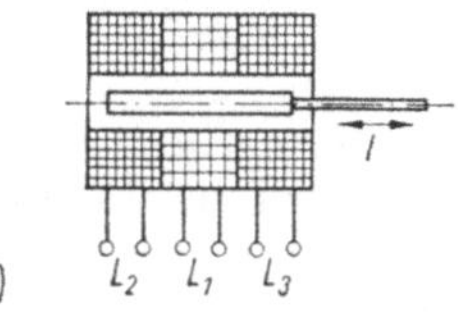

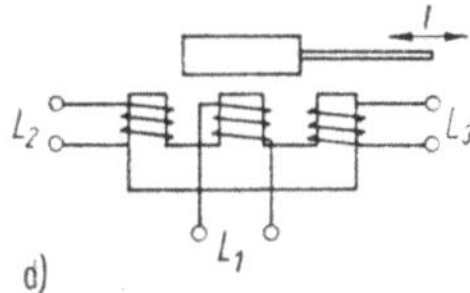

2. Winkel-Spannungs-Wandler

Der Aufbau des Winkel-Spannungs-Wandlers unterscheidet sich vom Weg-Spannungs-Wandler nur dadurch, daß die Spulen bei der Winkelmessung entsprechend der Bewegung des Kernes auf einem Kreisbogen angeordnet sind.

3. Differenzbildung und Messung komplexer Widerstände (s. Bild e)

Als Rechenglied und bei der Messung komplexer Widerstände enthält der D. keine beweglichen Teile. Beim Betrieb der Schaltung im ↑Nullverfahren wird zur Messung eines

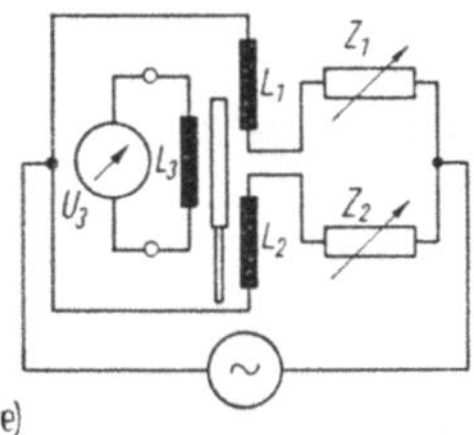

komplexen oder reellen Widerstands Z_2 der Widerstand Z_1 so lange nach Betrag und Phase verändert, bis U_3 verschwindet. Das ↑Ausschlagverfahren wird für die Bildung von Differenzen eingesetzt. Es gilt $U_3 \sim i_1 - i_2$.

Differentielle Steilheit

↑Steilheit.

Digital-Analog-Wandler

↑Wandler, der ein digitales Eingangssignal in ein analoges Ausgangssignal umsetzt (D/A-Umsetzer).

Digital-Digital-Wandler

↑Wandler, der ein digitales Eingangssignal in ein anderes digitales Signal umsetzt (D/D-Umsetzer).

Dimension   (siehe Seite 22)

Diskontinuierliches Signal

Der Wert des ↑Informationsparameters diskontinuierlicher Signale kann sich nur zu bestimmten Zeitpunkten ändern. Diskontinuierliche Signale können sowohl analog als auch diskret sein (s. TGL 14591, DIN 19226.

1. Diskontinuierlich ↑analoge Signale

   Beispiel: Die zyklische Abfragung eines kontinuierlich verstellbaren Potentiometers ergibt ein diskontinuierliches Signal $U_a = f(t)$.

2. Diskontinuierlich ↑diskrete Signale

   Beispiel: Das Ausgangssignal eines Meßwerkreglers mit zyklischer Abtastung und beispielsweise fünf diskreten Werten des Ausgangssignals ergibt ein diskontinuierlich diskretes Signal.

Gegensatz: ↑kontinuierliches Signal.

Dimension

Qualitative Aussage über den Charakter einer ↑*physikalischen Größe* in bezug auf ihre mathematische Verknüpfung mit anderen physikalischen Größen, insbesondere mit den ↑*Grundgrößen*. Die D.

einer physikalischen Größe wird üblicherweise in eckigen Klammern dargestellt, die entweder den voll ausgeschriebenen Namen der Größe, deren Kurzzeichen oder eine Gleichung aus den Namen bzw. den Kurzzeichen anderer Größen enthält.

Die Dimensionsangaben sind rein qualitativ und enthalten daher keine dimensionslosen Faktoren. Sie müssen von den ↑*Einheiten*, den quantitativen ↑*Einheitengleichungen* und den ↑*Größengleichungen* unterschieden werden.

Beispiel :

Dimensionsangabe $[W] = [v]^2 [m]$,

Größengleichung $\quad W = \dfrac{m}{2} v^2$.

Wallot, J.: Größengleichungen, Einheiten und Dimensionen. Leipzig 1953.

Beispiele :

Größe	Schreibweise der Dimension	
	Kurzzeichen	Namen
Geschwindigkeit	$[v] = \dfrac{[l]}{[t]}$	$[v] = \dfrac{[\text{Weg}]}{[\text{Zeit}]}$
Druck	$[p] = \dfrac{[F]}{[S]}$	$[p] = \dfrac{[\text{Kraft}]}{[\text{Fläche}]}$
Energie	$[W] = [m] \dfrac{[l]^2}{[t]^2}$ $= [m][v]^2$	$[W] = [\text{Masse}] \dfrac{[\text{Weg}]^2}{[\text{Zeit}]^2}$ $= [\text{Masse}] [\text{Geschwindigkeit}]^2$
Verstärkungsfaktor eines Röhrenverstärkers	Wegen $[K] = \dfrac{[U_a]}{[U_e)} = 1$ ist der Verstärkungsfaktor dimensionslos.	

Diskretes Signal

Im Gegensatz zu ↑*analogen Signalen* kann der ↑*Informationsparameter* diskreter Signale nur endlich viele (diskrete) Werte, annehmen. Im einfachsten Fall hat er beim *binären (Zweipunkt-) Signal* zwei Werte, und beim ↑*Mehrpunkt-Signal* kann er jede andere Zahl von Werten haben (s. TGL 14591, DIN 19226).

Zu den D. zählen auch die *digitalen* Signale, bei denen die diskreten Werte den Buchstaben, Zeichen und Worten eines vereinbarten Alphabets *(Kode)* entsprechen. *(↑Analoge Signale)*.

Drehkolbenzähler

Das Drehkolbenprinzip (s. Bild) wird zur Messung des Volumens strömender Gase und Flüssigkeiten benutzt. Zwei durch Zahnräder gekoppelte Drehkolben *1* und *2* teilen die strömende Menge in

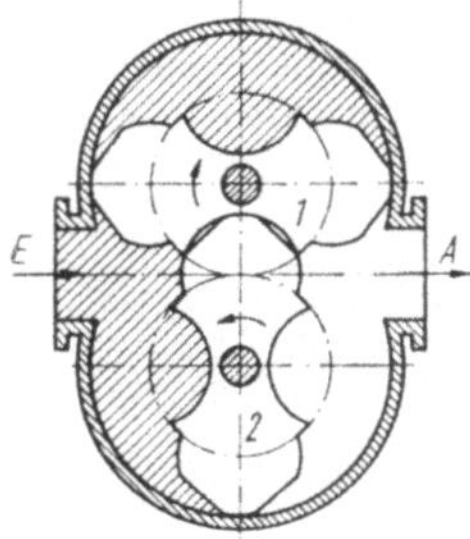

gleiche Teilvolumina und transportieren diese während einer Rotationsbewegung zum Zählerausgang. Durch die Formgebung der Kolben ist gewährleistet, daß Eingang, Ausgang und Meßraum des Fehlers bei jeder Kolbenstellung gegeneinander abgedichtet sind. Bei Flüssigkeiten Anwendung für Mineralöle mit Viskositäten zwischen 60 cSt und 16000 cSt, bei Gasen je nach Nennweite für ↑*Belastungen* zwischen 20 m³/h und 10000 m³/h. Die Zähler können für den eichpflichtigen Verkehr zugelassen werden. RA 32.

Drehmelder

Bauelement zur Fernübertragung von Winkeln *(↑elektrische Welle)* und zur Durchführung von Rechenoperationen. Ein D. besteht aus einem Stator, der ähnlich dem Stator von Dreiphasen-Asynchron- oder Synchronmotoren drei um 120° versetzte Wicklungen trägt. Der Rotor des D. trägt ähnlich dem des Synchronmotors eine einphasige Wicklung. D. werden paarweise als Kombination von Geber- und Empfängergerät eingesetzt (s. Bild). Als Hilfsenergie sind entweder 50 Hz, 220 V oder 400 Hz,

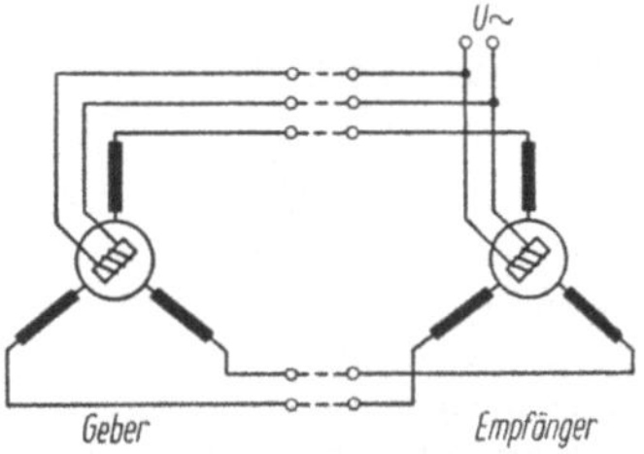

36 V üblich. Die Hilfsenergie wird in die Rotorwicklung eingespeist, wodurch sich im Stator Spannungen mit je nach Winkellage zum Rotor unterschiedlicher Amplitude, aber gleicher Frequenz und Phase induzieren. Im Gegensatz zum Synchron- und Asynchronmotor entsteht hierbei kein Drehfeld, sondern ein Wechselfeld konstanter Richtung. D. in 50-Hz-Ausführung dienen zur direkten Winkelfernübertragung. Sie verwenden dabei zur Einstellung der Ausgangsgröße das vom Empfängergerät aufgebrachte Eigendrehmoment. Die 50-Hz-Ausführung nimmt bei gleicher Übertragungsgenauigkeit ein Vielfaches des Volumens eines 400-Hz-Systems (etwa 32 mm ∅ und 48 mm Länge) ein, das jedoch wegen seines geringen Nachstellmoments überwiegend in Verbindung mit einem Folgeregelkreis eingesetzt werden muß.

	Schaltung mit	
	Eigenmoment	Folgekreis
Übertragungsfehler	$\leq \pm 1{,}5\%$	$\leq \pm 0{,}25 \cdots 0{,}5\%$
Drehmoment (maximale Belastung des Empfängersystems)	0,3 pcm/Grad	beliebig groß

In England und den USA werden anstelle des synonymen englischen Wortes *synchro* vielfach die Handelsnamen spezieller Firmen verwendet (z. B. *Asyn, Autosyn, Oesynn, Selsyn, Telesyn*).

Drehmomentenkompensation

Verfahren zur Wandlung der Signale elektrischer Meßgrößen in einen ↑*eingeprägten Strom*. Eine Drehachse trägt zwei Meßwerke und einen induktiven Winkelgeber (s. Bild). Das Eingangsmeßwerk G besteht je nach Meßgröße (z. B. Widerstand, Spannung, Strom, Blind-, Schein- und Wirkleistung, cos φ) aus einem Drehspul-, Kreuzspul- oder Quotientensystem. Der induktive Winkelgeber E wirkt als Meßeinrichtung für den Kompensationskreis, der über das Kompensationsmeßwerk K auf die Drehachse zurückwirkt und die Auslenkung des Eingangsmeßwerks durch ein Gegenmoment bis auf eine bleibende Regelabweichung reduziert. In Reihe mit dem Kompensationsmeßwerk liegt der Ausgang der Meßeinrichtung, an dem bei geeigneter Auslegung der elektrischen Daten ein eingeprägter Strom mit dem vereinheitlichten Änderungsbereich eines ↑*Einheitssignals* abgegriffen werden kann. RA. 24.

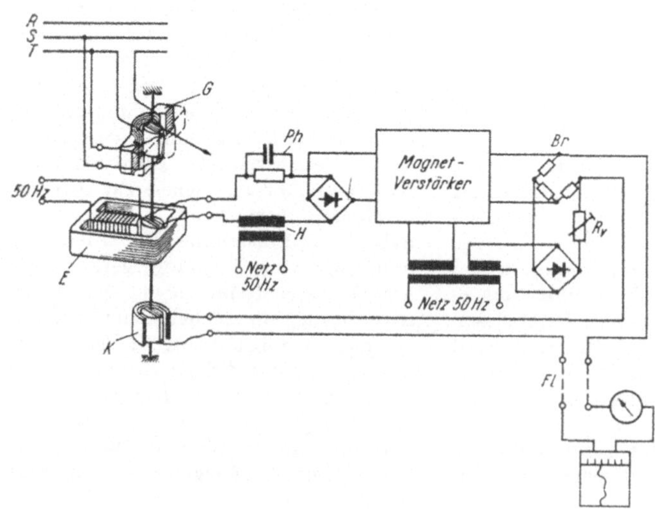

Drehspulmeßgerät

D. dienen zur Messung oder zur Anzeige von Strömen oder solchen physikalischen Größen, die sich als Ströme darstellen lassen (z. B. Spannung, Widerstand, Temperatur). Das Arbeitsprinzip der D. beruht auf der Kraftwirkung zwischen einer stromdurchflossenen Drehspule, die sich an einer Spiralfeder abstützt, und dem feststehenden Magnetfeld. Üblich sind zwei Bauformen für die Erzeugung des permanenten Feldes (s. Bild):

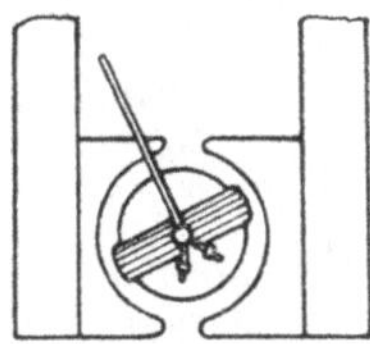

1. hufeisenförmiger Magnet mit Polschuhen aus Weicheisen,
2. zylindrischer Kernmagnet in der Mitte der Spule und äußerer Rückschluß aus Weicheisen (geringerer Werkstoffaufwand).

Moerder, C.: Quotienten- und Produktanzeigegeräte. Hamburg und Berlin 1963.

Drehzahl

Der Begriff D. (Formelzeichen n) kennzeichnet eine Drehgeschwindigkeit und hat wie die Winkelgeschwindigkeit ω die Dimension $[n] = [\omega] = [1/t]$. Er wird jedoch im Gegensatz zu dieser Bezeichnung ausschließlich auf die Drehgeschwindigkeit von Maschinenteilen angewendet. Es ist zu vermeiden, die Größe *Umdrehungszahl*, d. h. das Integral der Drehgeschwindigkeit, ebenfalls als Drehzahl zu bezeichnen.

Dreileiterschaltung

Schaltung zur Fernübertragung von Meßsignalen, die auf die Schleiferstellung

eines Potentiometers oder auf einen Widerstand abgebildet werden können. Der Schleifer des Potentiometers (s. Bild) wird von einem Meßwerk M angetrieben

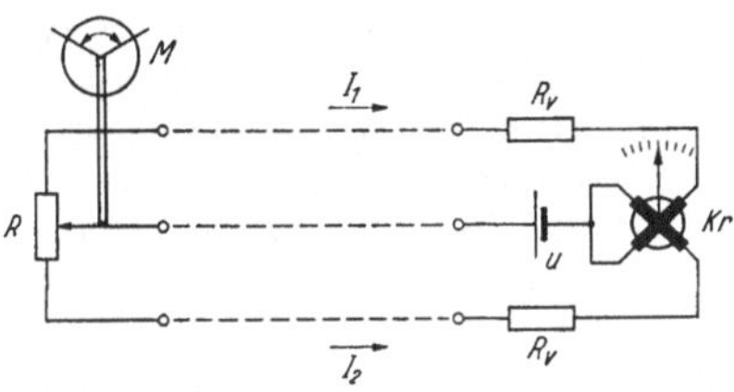

und die Anschlüsse des Potentiometers mit einem Kreuzspulmeßwerk verbunden. An die Konstanz der Hilfsenergie U werden keine besonderen Anforderungen gestellt. RA 24.

Drift

Die D. einer BMSR-Einrichtung kennzeichnet bei konstantem Eingangssignal die zufälligen Schwankungen der Werte des ↑*Informationsparameters* des Ausgangssignals infolge mangelnder ↑*Reproduzierbarkeit*. Sie ist gleich der maximalen Abweichung des Informationsparameters des Ausgangssignals vom Sollwert für den gleichen Wert des Informationsparameters des Eingangssignals bei ↑*Prüfbedingungen* innerhalb eines festgelegten Zeitraums. Die D. darf im festgelegten Änderungsbereich des Informationsparameters des Eingangssignals einen festgelegten Bruchteil der Grundfehlergrenze nicht überschreiten. Der Prüfzeitraum für die Ermittlung der D. soll nicht unter 1000 h liegen.

Drosselgeräte

↑*Meßfühler* zur Wandlung der Meßgröße ↑*Volumenstrom* (Durchfluß) in einen Differenzdruck. Zu den D. gehören die ↑*Blenden*, ↑*Düsen* und ↑*Venturidüsen*. Der an den D. abfallende Differenzdruck

(Wirkdruck) wird wegen des quadratischen Zusammenhangs zwischen dem Volumenstrom Q und dem Differenzdruck Δp in geeigneten Rechengliedern radiziert und in weiteren Wandlern auf einen für die Anzeige oder für den informationsverarbeitenden Teil einer BMSR-Einrichtung geeigneten ↑ *Signalträger* abgebildet. Die für die Differenzdruckbildung bestimmenden Maße der D. sind in DIN 1952 und TGL 0-1952 genormt.

Druckabfall

↑ *Druckverlust.*

Druckfeste Kapselung

↑ *Schutzart*, bei der durch konstruktive Maßnahmen (druckdichtes Gehäuse, Passungen hoher Qualität und Verlängerung der Lager für alle Gehäusedurchführungen u. a.) verhindert wird, daß bei gewollten und ungewollten Strompfadunterbrechungen sowie bei Kurzschlüssen in der Umgebung befindliche höchstexplosible Gas-Luft- oder Dampf-Luft-Gemische gezündet werden können. Geräte, die den Bedingungen dieser Schutzart genügen, tragen nach Prüfung durch die Versuchsstrecke Freiberg des Instituts für Grubensicherheit das Kurzzeichen Ex.

Druckverlust

Bei der Strömung von Flüssigkeiten und Gasen durch Rohrleitungen entsteht in jedem Teilabschnitt des Strömungskreises ein D., der dem Strömungswiderstand proportional ist. Meßeinrichtungen, die im Strömungskreis liegen, müssen daher so konstruiert sein, daß an ihnen ein möglichst geringer Druck abfällt. Das trifft besonders für ↑ *Volumenzähler* zu, die die Energie zum Antrieb der Meßwerke und Kolben dem Meßmedium entnehmen. Der zulässige Druckverlust von Volumenzählern begrenzt deren obere Belastungsgrenze.

26

Beispiel : Druckverlust von Flügelradwasserzählern als Funktion der ↑ *Belastung* und der Nennweite (s. Bild).

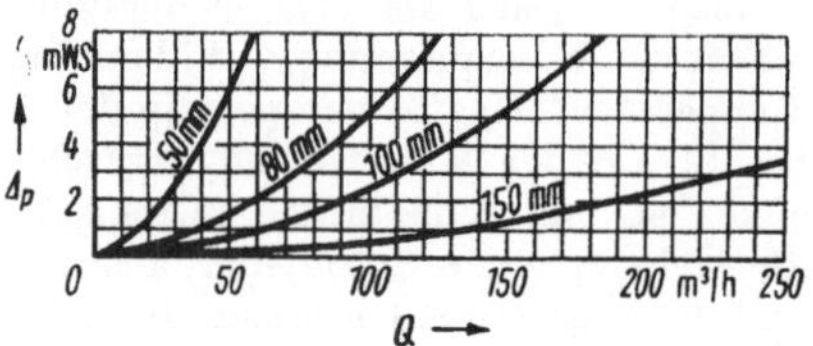

Durchflußmenge

Wegen des nicht eindeutigen begrifflichen Inhalts nicht mehr zu verwendende Bezeichnung für den ↑ *Massendurchfluß* (Dimension $[M] = \dfrac{[m]}{[t]}$, nach DIN 5492 auch als *Massenstrom* bezeichnet) und den ↑ *Volumendurchfluß* (Dimension $[Q] = \dfrac{[V]}{[t]}$, nach DIN 5492 auch als *Volumenstrom* bezeichnet).

Durchflußmengenmesser

Früher übliche Bezeichnung für Meßeinrichtungen zur Bestimmung des ↑ *Massendurchflusses* oder ↑ *Volumendurchflusses* (Dimension $[M] = \dfrac{[m]}{[t]}$ oder $[Q] = \dfrac{[V]}{[t]})$).

Düse

Meßfühler für die Messung des ↑ *Volumenstroms* nach dem ↑ *Wirkdruckverfahren.*

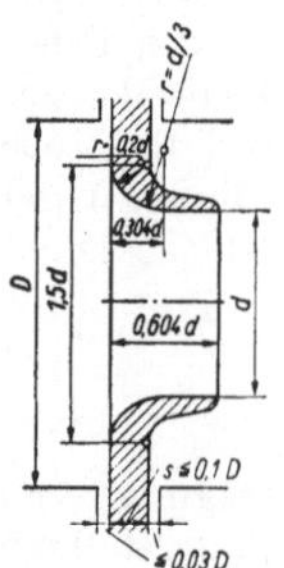

D. werden hauptsächlich für schmutz-
absetzende Medien und für Medien mit
schwankender Viskosität eingesetzt. Gegenüber ↑*Blenden* sind Fertigung und
Montage der D. aufwendiger. Die die
Wirkdruckbildung bestimmenden Maße
der D. sind in DIN 1952 und TGL 0-1952
standardisiert (s. Bild). RA 32.

Dynamische Geräusche

↑*Rauschen.*

Dynamische Kennwerte

Kennwerte, die den dynamischen Kennlinien (Übergangsfunktion, Stoßantwort,
Gewichtsfunktion, Frequenzgang u. a.)
entnommen sind und die das dynamische Verhalten eines Gliedes einer
BMSR-Einrichtung charakterisieren. Zu
den D. gehören: ↑*Totzeit,* ↑*Verzugszeit,*
↑*Zeitkonstante,* ↑*Ausgleichszeit, Wurzel-
orte.*

E

Effektivwert

Der E. *(quadratischer* ↑*Mittelwert)* einer
Zeitfunktion $f(t)$ innerhalb des Inter-
valls T wird ausgedrückt durch

$$\bar{x} = \sqrt{\frac{1}{T} \int_{t_0}^{t_0+t} f^2(t)\, dt}.$$

Der E. wird u. a. für die Berechnung
der elektrischen Leistung von Wechsel-
strömen und -spannungen verwendet.
Im speziellen Fall eines sinusförmigen
Wechselstroms $i = I_m \cos \omega t$ ergibt sich:

$$\bar{i} = \sqrt{\frac{1}{T} \int_0^T I^2_m \cos^2 \omega t\, dt},$$

$$\bar{i} = \frac{I_m}{2}.$$

Beispiel: In der Gleichung $N = I^2_{eff}$
$R = U^2_{eff} R$ stellt der E. den Wert des
Wechselstroms bzw. der Wechselspannung dar, der an einem Verbraucher R
dieselbe Leistung aufbringt wie ein
gleich großer Gleichstrom bzw. eine
gleich große Gleichspannung.
Bei statistischen nichtsinusförmigen Vor-
gängen muß der E. mit speziellen Meßgeräten bestimmt werden.

Eichfehlergrenze

↑*Fehlergrenze.*

Eichung

Prüfung der technischen Eigenschaften
von Meßgeräten und Meßeinrichtungen
und Beurkundung des Prüfergebnisses
durch staatliche Ämter (DAMW Deut-
sches Amt für Material- und Warenprüfung, Berlin; PTB Physikalisch Technische Bundesanstalt, Braunschweig)
oder von speziellen von diesen Ämtern
zur Eichung ermächtigten Prüfstellen.
Die erstmalige E. wird als *Ersteichung,*
jede danach vorgenommene E. als *Nach-
eichung* bezeichnet. Es ist nicht zulässig, das bei Betriebsund Labormeßge-
räten übliche Justieren des Nullpunkts,
des maximalen oder eines anderen Ausgangssignals als E. zu bezeichnen.
↑*Prüfen.* ↑*Justieren.*

Eigenfrequenz

Frequenz $f = 1/T$ (s. Bild) des ↑*Über-
schwingens* der ↑*Sprungantwort* $h(t)$

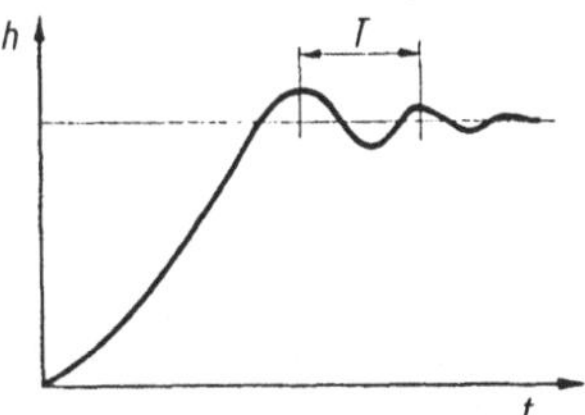

eines unterkritisch gedämpften Systems zweiter Ordnung (z. B. RLC-Netzwerk oder Feder-Masse-System). Die E. nähert sich mit kleiner werdender ↑*Dämpfung* der ↑*Resonanzfrequenz* des Systems. *Gille, Pelegrin, Decaulne:* Lehrgang der Regelungstechnik, Bd. 1. Berlin und München 1960.

Eigensicherheit

↑*Schutzart*, bei der durch die Wahl der Betriebsströme und -spannungen sowie der Induktivitäten und Kapazitäten eines elektrischen Netzwerks verhindert wird, daß bei gewollten und ungewollten Strompfadunterbrechungen sowie bei Kurzschlüssen in der Umgebung befindliche höchstexplosible Gas-Luft- oder Gas-Dampf-Gemische gezündet werden können (s. TGL 42-60). Die zulässigen Maximalwerte von Strom und Spannung hängen von den in der Schaltung enthaltenen energiespeichernden Bauelementen (Kondensatoren, Transformatoren und Spulen) ab. Von einer Induktivität wird die Energie $W_L = \dfrac{L\,I^2}{2}$ gespeichert, die sich bei Unterbrechung des Stromkreises ausgleicht. Die für den Zündfunken maßgebende Spannung ist dabei entsprechend $E = -L\dfrac{di}{dt}$ außer von der Induktivität L auch von der Geschwindigkeit der Stromkreisöffnung $\left(\dfrac{di}{dt} \to \infty\right)$ abhängig, z. B. können bei der Unterbrechung einer mit 2 V gespeisten Spule leicht 500 V Spitzenspannung entstehen.

Kapazitäten verhalten sich dual zu Induktivitäten:

Speicherenergie

$$W_c = \frac{C\,U_c^2}{2}.$$

Stromverlauf beim Schließen eines Stromkreises (z. B. auch durch Kurzschluß)

$$I = C\,\frac{du_c}{dt}.$$

Zur Erzielung der E. sind gegenüber der Schutzart ↑*Ex* außer Einhaltung bestimmter Verdrahtungsvorschriften und Kriechstrecken keine besonderen konstruktiven Maßnahmen erforderlich.

Eingangssignal

↑*Signal*.

Eingangswiderstand

Zu einem resultierenden Widerstand zusammengefaßte Widerstandselemente eines als *Verbraucher (Belastung,* ↑*Bürde)* wirkenden und als passiver Zweipol darstellbaren elektrischen Netzwerks oder eines *Wandler*eingangs.

Eingeprägter Strom

Verfahren für die Übertragung von ↑*Signalen* zwischen der Meßeinrichtung und anderen Funktionseinheiten einer Regel- oder Steuereinrichtung sowie zwischen diesen Funktionseinheiten untereinander. Als ↑*Signalträger* dient der elektrische Strom. Durch zweckentsprechende Auslegung des Signalgebers wird erreicht, daß innerhalb $0 < R_b \leqq R_{b\,\text{max}}$ beliebig viele Belastungswiderstände

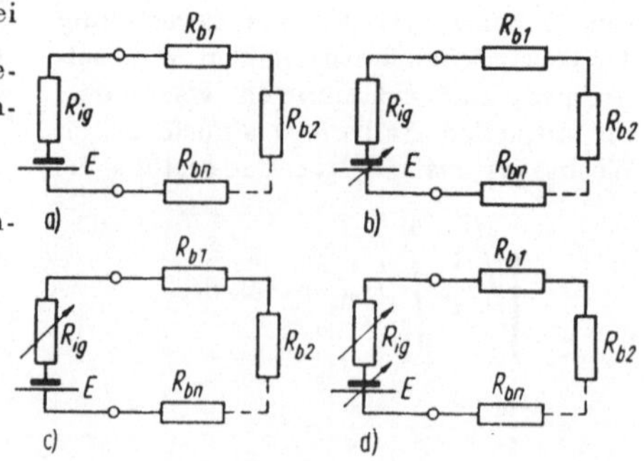

R_{bn} (s. Bild a) in Reihe geschaltet werden können, ohne daß der Fehler des Informationsparameters Strom gegenüber der signalisierten Größe die zulässigen Grenzen überschreitet. Bei Verwendung von *Signalen* mit vereinheitlichtem Änderungsbereich ergeben sich z. B. für die maximalen Belastungswiderstände der vereinheitlichten Stromsignale des Systems ↑ ursamat folgende Werte:

Änderungsbereich des Stromsignals	Belastungswiderstand (maximal)
$0 \cdots 5$ mA	$R_{b\,max} = 2$ kΩ
$0 \cdots 20$ mA	$R_{b\,max} = 1,2$ kΩ

Das ↑*Ersatzschaltbild* der Signalübertragung kann je nach Arbeitsprinzip der Meßeinrichtung in verschiedenen Varianten dargestellt werden:

1. *Linearer Zweipol* (s. Bild a)

   Es gilt $R_{ig} \gg \Sigma R_b$,

   außerdem ist $R_{ig} = $ const,

   $$E = \text{const.}$$

Ist für die Änderung des Signals in Abhängigkeit vom Belastungswiderstand R_b ein maximaler Fehler von $\dfrac{\Delta f}{f} = 0,01$ zugelassen, so muß R_{ig} bei vorgegebenem $R_{b\,max}$ folgender Bedingung genügen:

$$R_{ig} = \frac{1}{\dfrac{\Delta f}{f}} R_{b\,max},$$

$$R_{ig} = 100\, R_{b\,max}.$$

2. *Nichtlinearer Zweipol*

   Die Elemente R_{ig} und E sind entweder beide oder nur in einem Fall Funktionen von R_b.

Bild b: $R_{ig} = $ const, $E = f(R_b)$,

Bild c: $R_{ig} = f(R_b)$, $E = $ const,

Bild d: $R_{ig} = f(R_b)$, $E = f(R_b)$.

Eingeprägte Spannung

Verfahren für die Übertragung von ↑*Signalen* zwischen der Meßeinrichtung und anderen Funktionseinheiten einer Regel- oder Steuereinrichtung sowie zwischen diesen Funktionseinheiten untereinander. Als ↑*Signalträger* dient die elektrische Spannung. Durch zweckentsprechende Auslegung des Signalträgers wird erreicht, daß innerhalb $R_b > R_{b\,min}$ beliebig viele Belastungswiderstände R_b parallelgeschaltet werden können (s. Bild a), ohne daß der Fehler des Informationsparameters Spannung gegenüber der signalisierten Größe die zulässigen Grenzen überschreitet. Bei Verwendung des vereinheitlichten Spannungssignals des Systems ursamat ($U = 0 \ldots 10$ V) ist $R_{b\,min} = 2$ kΩ.

Das ↑*Ersatzschaltbild* der Signalübertragung kann je nach dem inneren Aufbau des Signalgebers durch die Bilder a, b, c oder d dargestellt werden.

1. *Linearer Zweipol* (s. Bild a)

   Es gilt $R_{ig} \ll R_b$;

   außerdem ist $R_{ig} = $ const,

   $E = $ const.

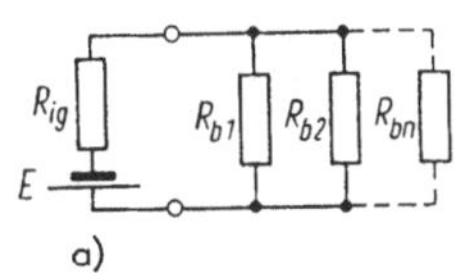

Ist für die Änderung des Signals in Abhängigkeit des resultierenden Belastungswiderstands $R_b = \dfrac{1}{\Sigma \dfrac{1}{R_{bi}}}$

ein maximaler Fehler von $\dfrac{\Delta f}{f} = 0{,}01$

zugelassen, so muß R_{1g} bei vorgegebenem R_b folgender Bedingung genügen:

$$R_{1g} = \frac{\Delta f}{f}\, R_{b\,min}$$

$$= 0{,}01\, R_{b\,min}\,.$$

2. *Nichtlinearer Zweipol*

Die Elemente R_{1g} und E sind entweder beide oder nur in einem Fall Funktionen von R_b.

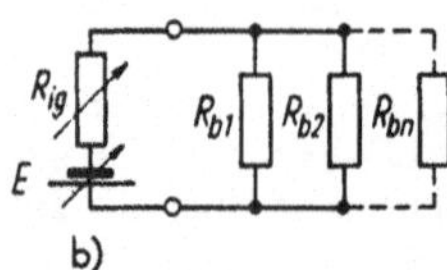

Bild b: $R_{1g} = $ const, $E = f\,(R_{res})$,

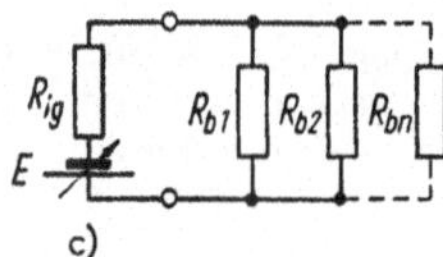

Bild c: $R_{1g} = f\,(R_{res})$, $E = $ const,

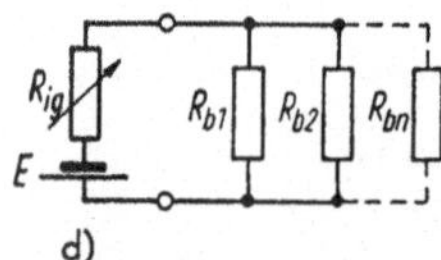

Bild d: $R_{1g} = f\,(R_b)$, $E = f\,(R_b)$.

Einheit

Eine E. *(Maßeinheit)* ist eine willkürlich gewählte Bezugsgröße gleicher Art wie die mit der E. zu messende ↑*physikalische Größe*. Die E. bildet mit dem ↑*Zahlenwert* eine physikalische Größe. Die E. werden in allen Ländern auf Grund von Empfehlungen der Internationalen Meterkonvention gesetzlich festgelegt. *Wallot, J.:* Größengleichungen, Einheiten und Dimensionen. Leipzig 1953.

Einheitengleichung

Eine E. ist eine ↑*Größengleichung*, in der nur ↑*Einheiten* und ↑*Zahlenwerte* auftreten.

Beispiel:

$$1\ m = 100\ cm,$$

$$1\ t = 1000\ kg,$$

$$1\ at = 1\ \frac{kp}{cm^2}\,.$$

Einheitssignal

(Eigentlich: *Signal mit vereinheitlichtem Änderungsbereich*)

Im Verlauf des Signalflußwegs von Meß- oder Regeleinrichtungen können ↑*Abbildungssignale* grundsätzlich von allen physikalischen Größen *(Signalträgern)* getragen werden, soweit diese durch physikalische Effekte erzeugbar sind. In den meisten Fällen stellt die Amplitude dieser Größen den ↑*Informationsparameter* dar. Einige physikalische Größen haben jedoch mehrere Eigenschaften, die als Informationsparameter geeignet sind (z. B. bei einer Wechselspannung Amplitude, Frequenz und Phasenlage). In geschlossenen Gerätesystemen eines Herstellers oder mehrerer zusammenarbeitender Firmen (z. B. im System ↑*ursamat*) werden zur Vereinheitlichung der Signale nur wenige Größen als Signalträger in Verbindung mit dem Änderungsbereich des zugehörigen ↑*Informationsparameters* als E. festgelegt.

Im System ursamat gibt es u. a. folgende E.:

1. *Analoge E. im ursamat*

Signalträger	Signalart	Informations-parameter	Vereinheitlichter Änderungsbereich des Informations-parameters
Gleichstrom	kontinuierlich elektrisch-analoges Signal	Amplitude	$0 \cdots 5$ mA $-5 \cdots 0 \cdots +5$ mA
Gleichspannung	kontinuierlich elektrisch-analoges Signal	Amplitude	$0 \cdots 10$ V $-10 \cdots 0 \cdots +10$ V
Luftdruck	kontinuierlich pneumatisch-analoges Signal	Amplitude	$0,2 \cdots 1$ kp/cm²

Neben den genannten hauptsächlich anzuwendenden Grundsignalen können im ursamat für Sonderfälle weitere Zusatzsignale verwendet werden.

2. *Diskrete E. im ursamat*

Signalträger	Signalart	Informations-parameter	Vereinheitlichter Änderungsbereich des Informations-parameters
Gleichspannung	kontinuierlich-binäres Signal	Amplitude	O-Signal 0 V L-Signal 12 V
Wechselspannung $f = 300 \cdots 3400$ Hz	kontinuierlich-binäres Signal	Amplitude	O-Signal 0 V L-Signal 12 V
Luftdruck	kontinuierlich-binäres Signal	Amplitude	O-Signal $0 \cdots 0,2$ kp/cm² L-Signal $0,8 \cdots 1$ pH Nennwert der Hilfsenergie pH $= 1,4$ kp/cm² und 130 mmWS
Gleichspannung	diskontinuierlich-diskrete Gleichspannungsimpulse	Lage von Impuls und Pause in einem Takt	Kode, Tastverhältnis 1 : 2

Einschwingzeit

Zeit, nach der die Ausgangsgröße x_a eines Systems bei der Antwort auf einen Eingangssprung x_e endgültig innerhalb eines definierten Bereichs $x_a \pm a$ verbleibt (s. Bild). Üblich ist, die E. als $T_{5\%}$ oder T_δ anzugeben, um für a folgende spezielle Werte zu berücksichtigen:

$$T_{5\%}, \quad a = 5\% \text{ wegen } 1/e^3 \approx 0,05,$$

$$T_\delta, \quad \delta \text{ Fehlerklasse der Einrichtung.}$$

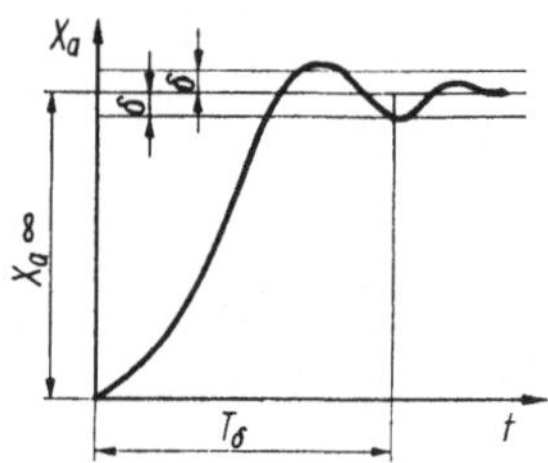

Besonders für Meßeinrichtungen hoher Genauigkeit ist T_δ als die Zeit von Interesse, bei der die Ausgangsgröße endgültig in den zulässigen Fehlerbereich eintritt.

Einstellzeit

(Besser: ↑ *Einschwingzeit*)

Zeit, nach der die Ausgangsgröße x_a eines Systems bei der Antwort auf einen Eingangssprung x_e endgültig innerhalb eines Bereichs $x_{a\,max} \pm 5\%$ bleibt. *Gille, Pelegrin, Decaulne*: Lehrgang Regelungstechnik, Bd. 1. Berlin und München 1960.

Einzelmeßwarte

Zusammenfassung der Betriebsmeßgeräte sowie der Steuer- und Regeleinrichtungen eines in sich geschlossenen Teiles einer größeren Produktions- oder Verfahrensanlage zu einer ↑ *Meßwarte*. ↑ *Komplexmeßwarte*. RA 49.

Elastische Membran

↑ *Membran*.

Elektrische Welle

Sammelbegriff für Schaltungen zur elektrischen Fernübertragung von Winkeln, die vorzugsweise mit ↑ *Drehmeldern* durchgeführt wird.

1. *Drehmelder mit Selbstnachstellung*

Die Drehmelder werden nach Bild a geschaltet, die Hilfsenergie wird über $U \sim$ eingespeist. Vom Rotor des Gebers werden in dessen Statorspulen von der Winkelstellung abhängige Spannungen induziert und über die Fernleitungen an den Empfänger übertragen. Dort bildet sich das Feld ab und übt auf die Rotorspule ein

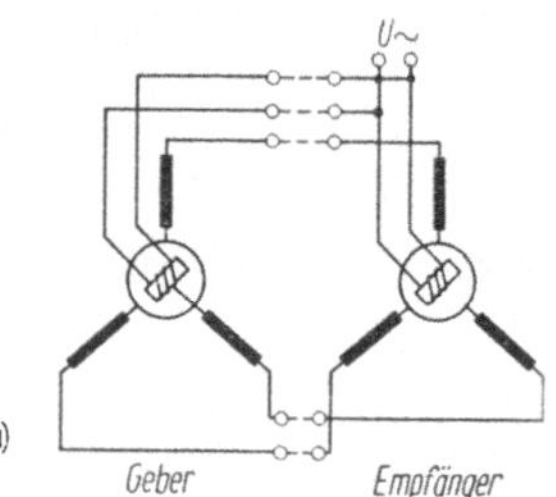

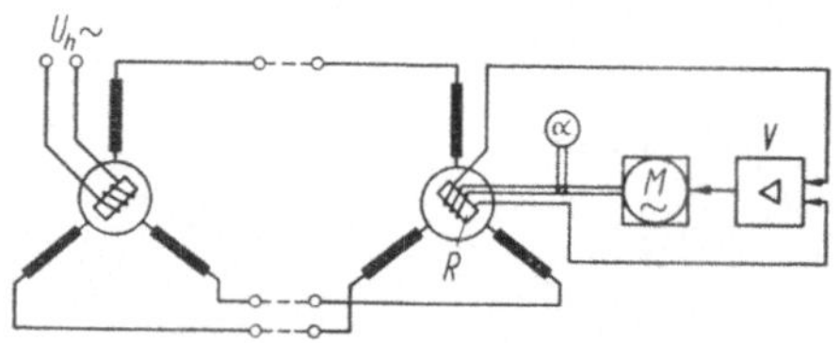

Drehmoment aus, das erst bei genauer Nachbildung des am Stator eingestellten Winkels verschwindet.

In ähnlicher Weise arbeiten die ↑ *Magnesyn*-Systeme, bei denen jedoch die im Geber erzeugten Oberwellen der Hilfsenergie an den Empfänger übertragen werden und dort ein entsprechend ausgerichtetes Gleichfeld erzeugen.

2. Drehmelder mit Folgeregelkreis zur Momentenverstärkung

Zur Verstärkung des Drehmoments und zur Herabsetzung der Übertragungsfehler (von 1,5% auf etwa 0,25%) werden Drehmelder nach Bild b in Verbindung mit einem

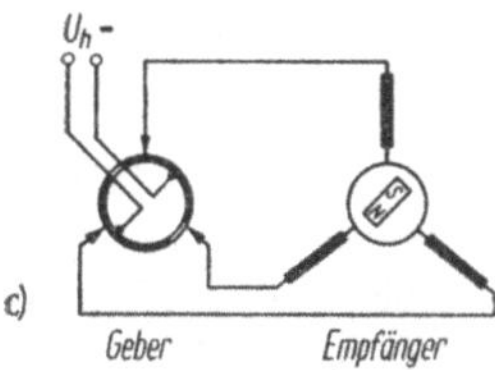

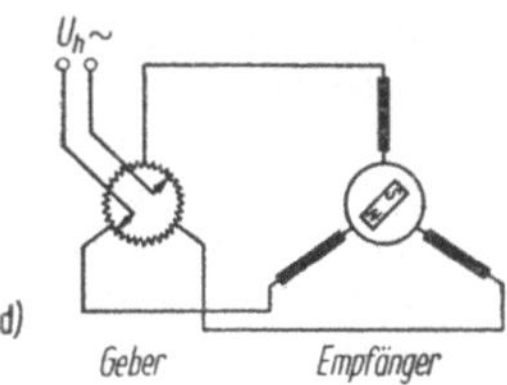

Folgeregelkreis eingesetzt. Die im Rotor R des Empfängers erzeugte Spannung wird hier einem Verstärker V zugeführt, der über einen Stellmotor M den Rotor auf dem kürzesten Winkelweg in eine zum resultierenden Statorfeld senkrechte Stellung dreht. Hier verschwindet die induzierte Rotorspannung. Die Winkelanzeige kann jedoch um 180° zweideutig sein, wenn nicht besondere Schutzmaßnahmen dagegen getroffen werden. Der Winkel α wird entweder angezeigt oder als mechanische Eingangsgröße an andere Wandler und Meßwerke weitergeleitet.

3. Schrittschaltwerk für größere Drehmomente

Der Geber besteht aus einem Kommutator, der zwei leitende Segmente von je 150° und zwei isolierende Segmente von je 30° trägt. Außerdem sind unter 120° drei Bürsten angeordnet, die je nach Stellung die an den Segmenten liegende Hilfsenergie (z. B. 24 V=) abgreifen (s. Bild c). Das magnetische Feld im Empfänger springt dadurch bei Drehung des Kommutators um einen Winkel von jeweils 30° ebenfalls um 30°.

Durch je ein Getriebe (das z. B. ein Übersetzungsverhältnis von 1 : 60 haben kann) vor dem Geber- und hinter dem Empfängersystem lassen sich die Winkelschritte in der Anzeige von 30° auf $^1/_2$° herabsetzen. Der Übertragungsfehler durch die Winkelsprünge beträgt dann nur noch maximal 0,25%. An der Abtriebsachse läßt sich ein maximales Drehmoment von 12000 cmp bei langsamen Drehzahlen erzeugen, während bei Drehzahlen von 6 min^{-1} 6000 cmp erreichbar sind. Die Kommutatoranordnung kann auch durch Nockenwellen ersetzt werden. Das Übertragungssystem ermöglicht den rückwirkungsfreien Anschluß vieler Empfänger an ein Gebersystem.

4. Ringpotentiometer mit Magnetanzeigesystem

Die Anordnung besteht aus drei gegeneinander um 120° versetzten festen Abgriffen, die an einem Ringpotentiometer als Gebersystem angebracht sind (s. Bild d), und einem Magnetanzeigesystem als Empfänger. Dieses Anzeigesystem hat einen ähnlichen Stator wie ein ↑Drehmelder, enthält jedoch als Rotor einen Permanentmagneten. Die Hilfsenergie wird über zwei diametral angeordnete Schleifer in den Geber eingespeist, die entsprechend dem zu übertragenden Winkel bewegt werden. Das resultierende Feld der drei Spulen des Empfängers übt auf dessen Permanentmagneten ein Moment aus, das diesen so lange bewegt, bis er senkrecht zum Feld steht und damit den am Eingang des Gebers anstehenden Winkelwert abbildet. Dieses verhältnismäßig einfache Verfahren hat jedoch einen sich alle 60° periodisch wiederholenden systematischen ↑*Fehler* (Absolutwert $\pm$ 1,1°), der nach jeweils 30° wieder zu Null wird. Dieser Fehler kann durch eine nichtlineare Potentiometerwicklung oder durch Parallelwiderstände herabgesetzt werden, die an zusätzlichen Abgriffen des Ringpotentiometers angeschlossen werden müßten. Maximale Belastbarkeit des Magnetanzeigesystems 0,08 cmp.

Empfindlichkeit

E. ist die in der allgemeinen Meßtechnik übliche Bezeichnung für den ↑*Übertragungsfaktor*. Die E. eines Meßgeräts ist das Verhältnis einer am Meßgerät beobachteten Änderung seiner Anzeige zu der sie verursachenden (hinreichend kleinen) Änderung der Meßgröße (DIN 1319, TGL 0-1319). Die E. ist dimensionsbehaftet.

Beispiel:

Strichskalen

$$E = \frac{\Delta L}{\Delta M} = 2,5 \text{ mm}/\text{V};$$

ΔL Anzeige der Änderung in Längeneinheiten,

ΔM Änderung der Meßgröße in deren Einheit.

Ziffernskalen

$$E = \frac{\Delta Z}{\Delta M} = 2 \text{ Ziffern-}$$
$$\text{schritte}/\text{V};$$

ΔZ Anzeige der Änderung in Ziffernschritten,

ΔM Änderung der Meßgröße in deren Einheit.

Ersatzschaltbild

Darstellung einer elektrischen, mechanischen oder pneumatischen *Funktionseinheit* durch das Minimum an *aktiven*, *passiven* und *Speicherbauelementen*, mit

denen das Verhalten der Einheit nachgebildet werden kann. Für elektrische Netzwerke wird das Ersatzschaltbild entsprechend den Ein- und Ausgängen der Funktionseinheit hauptsächlich nach der ↑*Zwei-* oder der ↑*Vierpoltheorie* dargestellt.

Für pneumatische und akustische Gebilde werden mechanisch-elektrische ↑*Analogien* verwendet.

Explosionsstoffgefährdete Betriebsräume

Nach TGL 200-0622 Räume oder Teile davon, in denen bei der Herstellung, Be- und Verarbeitung, Aufbewahrung oder Lagerung explosibler Stoffe oder explosibler Gegenstände Zündgefahren durch elektrische Betriebsmittel entstehen können. Soweit die explosiblen Stoffe in Nachbarräume dringen können, gelten auch diese als explosionsstoffgefährdet. Für elektrische Installationen oder den Betrieb elektrischer Geräte in E. gelten besondere Vorschriften. ↑*Ex-Schutz*.

Ex-Schutz

Besondere Maßnahmen, die durch ↑*Fremdbelüftung*, ↑*Eigensicherheit*, ↑*druckfeste Kapselung* und ↑*erhöhte Sicherheit* verhindern, daß durch gewollte oder ungewollte Strompfadunterbrechungen oder auch durch Überlastungen und Kurzschlüsse in der Umgebung befindliche explosible Gemische gezündet werden können. VDE 0171; TGL 19490, TGL 200-0622.

F

Fallbügelschreiber

↑*Punktschreiber*.

Federwaage

Waage, bei der die Masse mit Hilfe der elastischen Formänderung einer oder mehrerer Federn bestimmt wird.

Fehlanpassung

Abweichung von der Bedingung der
↑*Leistungsanpassung* $R_a = R_i$. Bei einer
F. von 100 % ($R_a = 2 R_i$ bzw. $R_a =
R_i/2$) sinkt die übertragene Leistung
gegenüber der bei ↑*Anpassung* mög-
lichen Maximalleistung um 11 %.

Fehler

Jedes Meßergebnis wird verfälscht durch
die Unvollkommenheit der Meßmethode,
der Meßeinrichtung, der Maßverkörperungen sowie durch Umwelteinflüsse und
subjektive Unzulänglichkeiten der Beobachter. Nach ihrer Entstehung werden
im stationären Zustand *systematische*
und *zufällige* Fehler unterschieden, die
entsprechend den Einsatzbedingungen
der BMSR-Technik zu *Grund-* und *Zu-
satzfehlern* zusammengefaßt werden.

1. *Zufällige Fehler*

   Sie werden hervorgerufen durch meßtechnisch nicht erfaßbare Änderungen der Maßverkörperungen (z. B.
   der Vergleichsnormale), der Meßgeräte (Ansprechwert, Reibung), der
   Umwelt (Erschütterungen, Störein-
   streuungen durch Fremdfelder) und
   bei ablesbaren Meßeinrichtungen
   durch die Beobachter. Die zufälligen
   Fehler drücken sich durch Streuungen
   der unter gleichen Bedingungen erhaltenen Meßwerte aus. Sie schwanken nach Betrag und Vorzeichen und
   machen das Meßergebnis *unsicher*.
   Bei mehrmaliger Wiederholung der
   Messung können sie durch eine Re-
   chengröße (↑*Meßunsicherheit*, ↑*Feh-
   lerberechnung*) zahlenmäßig erfaßt
   und gekennzeichnet werden.

2. *Systematische Fehler*

   Sie werden durch die Unzulänglichkeiten der Meßmethode und durch
   Umwelteinflüsse hervorgerufen. Zu
   den systematischen F., die erfaßbar
   sind und daher korrigiert werden
   können, gehören Temperaturgang

von Bauelementen, Entnahme von
Energie für den Meßvorgang aus dem
Meßobjekt (z. B. bei Drehspulmeßgeräten), nichtlineares Verhalten von
Bauelementen. Andere systematische
F., wie z. B. die Umkehrspanne, lassen sich nicht mit einfachen Mitteln
erfassen und können daher nicht
korrigiert werden.

3. *Grundfehler*

   In der BMSR-Technik werden im
   Grundfehler die nichtkorrigierbaren
   systematischen und die zufälligen
   Fehler des Meßverfahrens und der
   Meßeinrichtung zusammengefaßt. Dazu gehören ↑*Ansprechwert*, ↑*Umkehrspanne*, ↑*Drift*.
   Der Grundfehler wird unter ↑*Prüfbedingungen* im ↑*stationären Zustand*
   bestimmt und ist gleich der größten
   Abweichung der ↑*statischen Istkenn-
   linie* von der statischen Sollkennlinie
   innerhalb des ↑*Meßbereichs*.

4. *Zusatzfehler*

   Die Zusatzfehler kennzeichnen den
   Einfluß von Umweltbedingungen auf
   den Meßwert, wenn sich die Werte
   der Einflußgrößen innerhalb der ↑*Betriebsbedingungen* vom Nennwert der
   ↑*Prüfbedingungen* entfernen.
   Für die Einflußgrößen der normalen
   Betriebsbedingungen werden die Zusatzfehler in % angegeben und auf
   ein Intervall einer Einflußgröße bezogen. Die übrigen Einflußgrößen
   müssen den Nennwerten der Prüfbedingungen entsprechen.

   Beispiele:

   $\leq$ 0,1 % je 10 grd
   Änderung der Umgebungstemperatur,

   $\leq$ 0,2 % je 10 Torr
   Änderung des statischen
   Luftdrucks,

   $\leq$ 0,5 % je 2 %
   Änderung der Frequenz der
   Speisespannung.

Fehlerangabe

Die ↑*Fehler* eines Meßgeräts oder einer Meßeinrichtung können als absolute, relative oder reduzierte Fehler angegeben werden. Sie sind von der ↑*Meßunsicherheit* eines ↑*Meßergebnisses* zu unterscheiden, das beim Eichen und Prüfen von Meßeinrichtungen und Meßgeräten sowie in der Labormeßtechnik aus einer Mehrzahl von Messungen errechnet wird.

1. *Absoluter (Grund-) Fehler*

Der absolute F. wird auf die Eingangsgröße eines Meßgeräts oder einer aus mehreren ↑*Wandlern* bestehenden ↑*Meßeinrichtung* bezogen und in deren Einheiten angegeben. Er errechnet sich aus

$$\Delta x = \text{Istwert minus Sollwert,}$$

$$\Delta x = x - x_0.$$

2. *Relativer (Grund-) Fehler*

Der relative F. ist das Verhältnis des absoluten (Grund-) Fehlers zum Sollwert (bzw. der Sollanzeige) der Eingangsgröße:

$$x_{\text{rel}} = \frac{\Delta x}{x_0} = \frac{x - x_0}{x_0}.$$

Bei Angaben in % gilt

$$x_{\text{rel}} = \frac{\Delta x}{x_0} \cdot 100\%.$$

3. *Reduzierter (Grund-) Fehler*

Der reduzierte F. ist das Verhältnis des absoluten (Grund-) Fehlers zum Umfang des Meßbereichs der Eingangsgröße. Er wird bestimmt durch die Formel:

$$x_{\text{red}} = \frac{\Delta x}{x_{\text{max}} - x_{\text{min}}};$$

x_{max} obere Meßbereichsgrenze,

x_{min} untere Meßbereichsgrenze.

Bei Angabe in % gilt

$$x_{\text{red}} = \frac{\Delta x}{x_{\text{max}} - x_{\text{min}}} \cdot 100\%.$$

Fehlerberechnung

1. *Erfassung der zufälligen ↑Fehler*

Die zufälligen Fehler müssen für die Bestimmung der ↑*Fehlergrenzen* bei der ↑*Eichung* und ↑*Prüfung* von Betriebsmeßeinrichtungen erfaßt werden.

Aus einer Reihe von n voneinander unabhängigen Meßwerten x_1, ..., x_i, ..., x_n wird zunächst das *arithmetische* ↑*Mittel* $\bar{x}$ (gesprochen x quer) gebildet:

$$\bar{x} = \frac{1}{n} \sum_{i=1}^{n} x_i.$$

Dann werden die zufälligen Abweichungen der Einzelwerte vom Mittelwert als *mittlere quadratische Abweichung* oder ↑*Standardabweichung* s berechnet:

$$s = \sqrt{\frac{1}{n-1} \sum_{i=1}^{n} (x_i - \bar{x})^2}.$$

2. *Fortpflanzung der zufälligen Fehler*

Gehen in ein Meßergebnis mehrere durch eine Funktion $y = F(x_1, ..., x_i, ..., x_n)$ verknüpfte und voneinander unabhängige Meßgrößen x_1, ..., x_i, ..., x_n ein, die alle mit einer entsprechenden Meßunsicherheit bzw. Standardabweichung S_i versehen sind, so wird die resultierende Standardabweichung s_y nach dem *Fehlerfortpflanzungsgesetz* berechnet:

$$s_y = \sqrt{\sum_{i=1}^{v} \frac{\partial F}{\partial x_i} s_i^2}.$$

Beispiel:

Es soll die Leistung aus Strom und Widerstand bestimmt werden:

Funktion $N = I^2 R$,

Unsicherheit der R-Messung 1%,

Unsicherheit der I-Messung 1,5%;

$$s_y = \sqrt{\frac{\partial N}{\partial I}\, s_1 + \frac{\partial N}{\partial R}\, s_2}\ .$$

Partielle Differentiation der Funktion:

$$\frac{\partial F}{\partial x_1} = \frac{\partial N}{\partial I} = 2IR,$$

$$\frac{\partial F}{\partial x_2} = \frac{\partial N}{\partial R} = I^2.$$

Umrechnung der relativen in die absolute Unsicherheit:

$$s_1 = 0,015\, I, \quad s_2 = 0,01\, R.$$

Nach Einsetzen der Werte ergibt sich

$$s_y = \sqrt{0,03^2 + 0,01^2}\, I^2 R$$

$$= 0,0316\, N.$$

Die resultierende Unsicherheit beträgt also 3,16%.

3. *Fortpflanzung der systematischen ↑Fehler*

Gehen in ein Meßergebnis mehrere durch eine Funktion $y = F(x_1, \ldots, x_i, \ldots, x_v)$ verknüpfte Meßgrößen $x_1, \ldots, x_i, \ldots, x_v$ ein, die alle einen zugehörigen und nach Betrag und Vorzeichen bekannten systematischen Fehler $\Delta x_1, \ldots, \Delta x_i, \ldots, \Delta x_v$ haben, so wird der resultierende systematische Fehler Δy berechnet nach

$$\Delta y = \sum_{i=1}^{v} \left(\frac{\partial F}{\partial x_i}\, \Delta x_i \right).$$

Die Formel beruht auf der Verwendung des *vollständigen (totalen) Differentials,* wobei anstelle der Differentiale $dx_1, \ldots, dx_i, \ldots, dx_v$ die bei Fehlerberechnungen naturgemäß hinreichend kleinen systematischen Fehler Δx_i in den Einheiten der Einflußgröße eingesetzt werden. Die partielle Differentation erfolgt entsprechend dem Beispiel unter Punkt 2. Die Berechnung ergibt den absoluten Fehler Δy in den Einheiten der Meßgröße. Der relative Fehler kann aus diesem berechnet oder auch direkt durch Anwendung der ↑*logarithmischen Differentiation* ermittelt werden.

Fehlergrenze (Grundfehlergrenze)

Die F. sind die vereinbarten, garantierten oder zugelassenen äußersten Abweichungen nach oben oder nach unten vom *Sollwert* oder der *Sollanzeige* einer Meßeinrichtung. Sie umfassen die *systematischen* und die *zufälligen* ↑*Fehler,* die durch das Meßgerät und die Meßmethode unter Berücksichtigung der ↑*Prüfbedingungen* bedingt sind.

1. *Eichfehlergrenzen*

   Sie bezeichnen das größte Mehr oder Minder, bis zu dem nach der Eichordnung beim Vergleich mit einem Normal der *Istwert* vom *Sollwert* (bzw. die *Istanzeige* von der *Sollanzeige*) abweichen darf.

2. *Garantiefehlergrenzen*

   (Im Sinn der BMSR-Technik *Grundfehlergrenze*)
   Sie bezeichnen das größte Mehr oder Minder, das der Hersteller bei Einhaltung von ihm festgelegter Bedingungen als äußerste Grenze für die Abweichung des Istwerts vom Sollwert (bzw. der Istanzeige von der Sollanzeige) garantiert.

Die F. können in % des Endwerts oder in der Maßeinheit der Meßgröße angegeben werden.

Fehlerklasse

F. sind die in einer Auswahlreihe gestuften Zahlenwerte für die Einteilung
von Geräten und Einrichtungen nach
ihren *Grund-* ↑*Fehlergrenzen*. Für BMSR-
Geräte sind folgende F. zugelassen.

Fehlerklasse	Grenze des redu- zierten Grund- fehlers
0,01	± 0,01%
0,025	± 0,025%
0,06	± 0,06%
0,1	± 0,1%
*0,2	± 0,2%
0,25	± 0,25%
0,4	± 0,4%
*0,5	± 0,5%
0,6	± 0,6%
1	± 1,0%
*1,5	± 1,5%
1,6	± 1,6%
2,5	±2,5%
4	± 4,0%
**6	± 6,0%
**10	± 10,0%

* Nur für elektrische Geräte.

** Nur für Geräte und Meßeinrichtungen zur Bestimmung von Stoff-
eigenschaften und Stoffzusammen-
setzung zugelassen.

Fehlerkurve

Grafische Darstellung des Fehlers einer
Meßeinrichtung in Abhängigkeit von

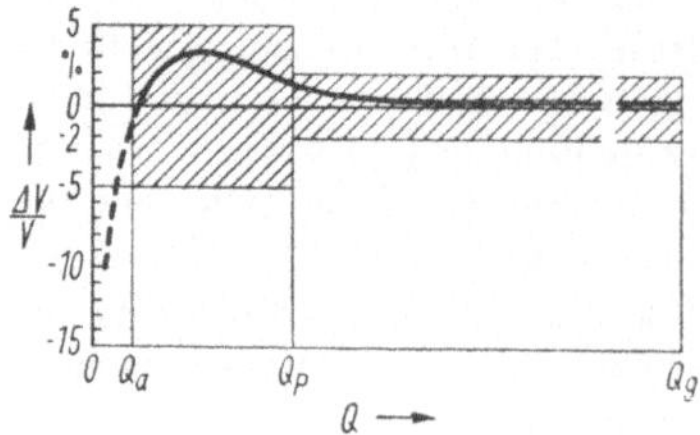

einer Einflußgröße. Die F. eines Flügel-
radwasserzählers in Abhängigkeit von
der ↑*Belastung* ist im Bild dargestellt.
Die Grenzwerte Q_a, Q_p, Q_g für die untere, mittlere und obere Belastungsgrenze bestimmen die *Fehlergrenze* des
Zählers.

Fernübertragungssystem

Spezielles ↑*Drehmelder*-System, das in
Verbindung mit einem Verstärker und
einem Stellmotor im Rahmen eines
Folgeregelkreises zur Nachbildung eines
durch das Ausgangssignal eines zweiten
Übertragungssystems abgebildeten Winkels dient. Als Hilfsenergie wird vorzugsweise eine Wechselspannung von
400 Hz (früher auch 500 Hz) verwendet.
Dadurch wird gegenüber einer 50-Hz-
Ausführung eine wesentliche Verringe-
rung der Konstruktionsmaße möglich.
↑*Elektrische Welle*.

Flächengewichtsmessung

Nicht korrekter Begriff für die Messung
der ↑*Flächenmasse*. Entsprechend der
↑*Tafel der gesetzlichen Einheiten* ist der
Begriff *Gewicht* wegen seines nicht eindeutigen Inhalts zugunsten der eindeutigen Begriffe *Kraft* oder *Masse* zu vermeiden.

Flächenmasse

Die F. ist eine Größe zur Kennzeichnung der Materialverteilung in einem
flächenhaften Fertigerzeugnis, Zwischen-
produkt oder Halbzeug, wie z. B. Bleche,
Bänder, Tafeln, Vliese, Gewebe, Ge-
wirke, Nähwirkstoffe u. ä. Sie hat die
↑*Dimension*

$$[\text{Flächenmasse}] = \left[\frac{\text{Masse}}{\text{Fläche}}\right].$$

Die Meßeinrichtungen für die F. arbeiten
meist mit ionisierenden Strahlen, wobei
die Strahlung eines senkrecht zur Bewe-
gungsrichtung des zu untersuchenden
Materials angeordneten linienhaften

Strahlers entsprechend der jeweiligen Massenverteilung unterschiedlich absorbiert wird und damit die vom Strahlungsempfänger aufgenommene Reststrahlung ein Maß für die F. ist. Derartige Meßeinrichtungen finden u. a. Anwendung in der Metallurgie, der Textilindustrie, der Papierindustrie sowie der Gummi- und Plastindustrie. RA 58.

Hart: Radioaktive Isotope in der Betriebsmeßtechnik. Berlin 1965.

Flügelrad-Füllstandsschaltgerät

Grenzwertschalter für die digitale Messung des Füllstands von Schüttgütern. Beim Ansteigen des Füllstands wird ein elektrisch oder pneumatisch angetriebener Drehflügel (s. Bild) abgebremst und dadurch ein binäres Signal ausgelöst. RA 31.

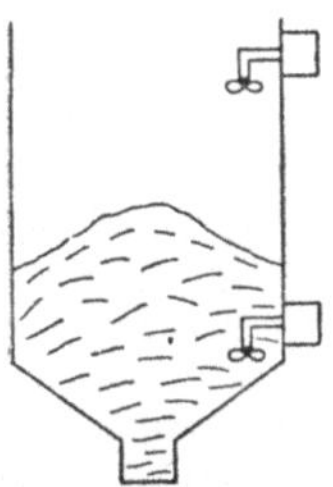

Flügelradzähler

Flüssigkeitsvolumenzähler, der als strömungsempfindliches Glied ein Flügelrad

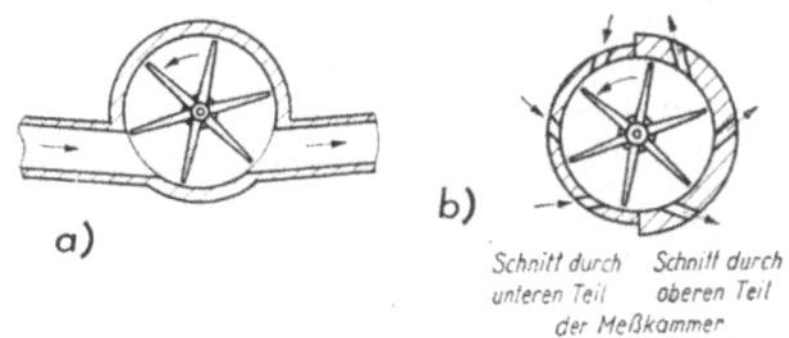

enthält. Die F. gehören zu den *Turbinenzählern* und sind damit mittelbare Volumenzähler ohne Meßkammern. Sie werden in großer Stückzahl als *Einstrahlzähler* (s. Bild a) oder als *Mehrstrahlzähler* (s. Bild b) zur Messung des Wasserverbrauchs eingesetzt.

Flüssigkeitsfederthermometer

Temperaturmeßeinrichtung, die auf der Wärmedehnung einer der Temperatur des Meßmediums ausgesetzten Füllflüssigkeit beruht. Die Füllflüssigkeit befindet sich in einem stabförmigen Meßfühler, der über eine bis zu 30 m lange Kapillarleitung mit einem Federmanometer verbunden ist, dessen Skale in Temperatureinheiten geteilt ist. Bei Reglern ohne Hilfsenergie werden F. auch direkt zur Betätigung der Stelleinrichtung verwendet. Erfaßbarer Meßbereich: —30 bis +550 °C. Füllflüssigkeiten: Quecksilber, Xylol, Tuluol, Petroleum. Anwendung: hauptsächlich zur Messung von Motoren- und Lagertemperaturen. RA 27.

Fotoelektrisches Pyrometer

↑*Pyrometer*, das als Strahlungsempfänger ein fotoelektrisches Bauelement (Fotodiode, Fotoelement, Fotowiderstand, Fotozelle) enthält. Die F. werden sowohl nach dem ↑*Ausschlagverfahren* (Fehlergrenze etwa ± 2%, Meßbereich 1000 bis 2000 °C) als auch nach dem ↑*Nullverfahren* (Fehlergrenze etwa ± 1,5%, Meßbereich 450 bis 2000 °C) aufgebaut. Wegen des Gleichspannungsausgangssignals sind die F. als Meßeinrichtungen für Regelungen und Steuerungen geeignet. Bei Geräten, die nach dem Nullverfahren arbeiten, wird die Objektstrahlung mit einer im Gerät erzeugten Normalstrahlung verglichen und die Strahlungsdifferenz mit Hilfe eines Folgeregelkreises zu Null gemacht. Die Stellung des Stellglieds dieses Regelkreises ist ein Maß für die Temperatur.

Freisichtwarte

Größere ↑*Meßwarte*, in der der Anlagenfahrer neben seinen Kontroll- und Eingriffsmöglichkeiten über die BMSR-Geräte in den ↑*Meßtafeln* und *Pulten* den Produktionsprozeß und die Produktionsanlagen auch direkt durch Fenster beobachten kann.

Fremdbelüftung

↑*Schutzart* für elektrische Betriebsmittel, bei der diese gasdicht gekapselt sind und über eine Luftleitung ständig aus einer nichtexplosionsstoffgefährdeten Zone heraus belüftet werden. Kurzzeichen: Ex f.

Fremdkörperschutz

Betriebsmeßgeräte werden meist in Produktionsräumen montiert und sind dort evtl. dem Eindringen von Fremdkörpern ausgesetzt, die während des Produktionsprozesses als Abfall auftreten. Zum Schutz der Geräte müssen diese den für jeden Gerätetyp in den *speziellen* ↑*Betriebsbedingungen* geforderten ↑*Schutzgraden* genügen, die in TGL 15165 und DIN 40050 festgelegt sind und außerdem den *Berührungs-*, *Wasser-* und *Staubschutz* erfassen.

Frequenzband

Kenngröße für Systeme zweiter Ordnung. Das F. umfaßt alle Frequenzen von Null bis zur ↑*Grenzfrequenz* und beschreibt damit Glieder mit Tiefpaßcharakteristik. Die Breite des F. beeinflußt die Geschwindigkeit der Antwort eines Systems auf Störungen, da die höheren Frequenzen des Spektrums der Störung durch die Tiefpaßcharakteristik gesperrt werden.
Gille, Pelegrin, Decaulne: Lehrgang der Regelungstechnik, Bd. 1. Berlin und München 1960.

FÜ-System

Abkürzung für ↑*Fernübertragungssystem* (spezielle Ausführung eines ↑*Drehmelder*-Systems).

G

Galvanometer

Hochempfindliches ↑*Drehspulmeßgerät.* In der BMSR-Technik hauptsächlich als ↑*Nullindikator* für selbstabgleichende Brücken und Kompensationsschaltungen verwendet.

Garantiefehlergrenze

↑*Fehlergrenze.*

Gasabscheider

Zubehör für ↑*Volumenzähler*, mit dem die in Flüssigkeiten gelösten Gase und die Gasblasen, die sich als Meßfehler auswirken, aus dem flüssigen Meßmedium entfernt werden.

Gas-Chromatograf

Analysenmeßeinrichtung für Gase und Dämpfe sowie für alle Flüssigkeiten, die sich unzersetzt verdampfen lassen. Die zu analysierende gasförmige Substanz wird mit einem *Trägergas* gemischt und durchläuft dann eine mit speziellen Füllstoffen (z. B. Aktivkohle, Kieselgel, Aluminiumoxid, Spezialgläser) gefüllte *Trennsäule*, in der die einzelnen Phasen durch Adsorption oder Verteilung getrennt werden. Ein *Detektor* erfaßt diesen Trennprozeß. Dabei entsteht für jede Komponente zeitlich nacheinander ein impulsförmiges Signal, dessen Fläche ein Maß für die jeweilige Konzentration ist. Sowohl die Probenzuführung zur Trennsäule als auch der Trennvorgang verläuft diskontinuierlich. Durch automatische Probenzuführung und zusätzliche Wandler *(Regelzusätze)* können die ursprünglich nur für die Labormeßtechnik geeigneten G. auch als ↑*Meßwandler* für Regelungen und Steuerungen eingesetzt werden. RA 22.

Geber

Nicht einheitlich verwendeter Begriff. In den meisten Fällen im Sinn von ↑*Meßfühler* für den ersten ↑*Wandler* des Signalflußwegs einer Meßeinrichtung benutzt, wobei jedoch der G. eine größere konstruktive Einheit sein kann, die bereits ein Abbildungssignal mit vereinheitlichtem ↑*Wertevorrat* abgeben kann. Gelegentlich auch für komplette Meßeinrichtungen angewendet, deren Ausgangsgröße bereits das Einheitssignal eines Gerätesystems trägt.

Geberelement

↑*Wandler*, der am Anfang eines ↑*Signalflußwegs* einer Meßeinrichtung liegt, aber nicht als selbständige Einheit auftritt, sondern stets in schaltungstechnischer oder konstruktiver Gemeinschaft mit anderen Bauelementen oder Baugruppen Bestandteil eines ↑*Meßumformers* mit vereinheitlichtem ↑*Abbildungssignal* oder dem ↑*Einheitssignal* eines Gerätesystems ist.
Beispiel: Dehnungsmeßstreifen, Fotoelement.

Gebrauchslage

Viele Betriebsmeßgeräte, insbesondere solche, die mechanische Baugruppen enthalten, sind lageempfindlich. Bei derartigen Geräten müssen in die *speziellen* ↑*Betriebsbedingungen* Festlegungen über die vorgeschriebene Gebrauchslage und die zulässigen Abweichungen von dieser Lage aufgenommen werden. Zur Kennzeichnung der Nennlagen werden insbesondere für ablesbare Instrumente Lagezeichen nach Bild verwendet.

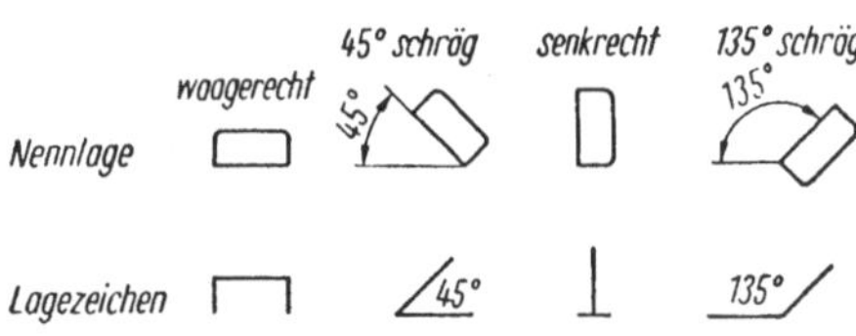

Genauigkeit

Der Begriff der Genauigkeit ist nur für qualitative Aussagen zu verwenden. Quantitative Angaben müßten entsprechend der angestrebten hohen G. logischerweise auch mit hohen Zahlenwerten (z. B. 98 %) verknüpft werden.

Eine wachsende G. würde sich dann auch durch höhere Zahlenwerte ausdrücken (z. B. 99 %). Die Angabe derart hoher Zahlenwerte ist jedoch nicht üblich. Es werden vielmehr deren Ergänzungswerte zu 100 % angegeben, die dementsprechend als ↑*Fehler* zu bezeichnen sind. Eine wachsende Genauigkeit drückt sich dann durch eine Verminderung der Fehler aus (im obigen Beispiel von 2 auf 1 %).

Geometrischer Mittelwert

↑*Mittelwert.*

Geräusch

↑*Rauschen.*

Geräuschabstand

Das in ↑*Dezibel* (dB) angegebene Verhältnis der Signalleistung zur Rauschleistung. Bei der Berechnung des G. aus der Signalspannung und der Rauschspannung muß der Quotient aus den Quadraten beider Spannungen gebildet werden.

Gesamtstrahlungspyrometer

↑*Pyrometer*, das das gesamte vom Meßobjekt ausgehende Strahlungsspektrum zur Bildung des Ausgangssignals ausnutzt. Als Strahlungsempfänger dienen ↑*Thermoelemente* oder auch ↑*Bolometer*. Die G. arbeiten überwiegend im Ausschlagverfahren. Meßbereich: 800 bis 1800 °C. Grundfehlergrenze: 2 %. Anwendung: Messung von Temperaturen in Schmelz-, Glüh- oder Stoßöfen.

Gesetzliche Einheiten

↑*Tafel der gesetzlichen Einheiten.*

Giorgi-System

System von Maßeinheiten, das auf den ↑*Grundeinheiten* Masse, Kilogramm, Sekunde und Ampere (daher auch MKSA-System) aufgebaut ist. Auf dem G. beruht auch die ↑*Tafel der gesetzlichen*

Einheiten, die jedoch für die Gebiete der Fotometrie und der Thermodynamik zusätzlich die Grundeinheiten Candela und Grad Kelvin (°K) enthält.

Förster : Die gesetzlichen Einheiten und ihre Anwendung. Leipzig 1961.

Gleiswaage

Waage zum Wägen von gleisgebundenen Fahrzeugen.

Grenzfrequenz

Frequenzwerte ω_g einer *Amplitudenkennlinie A = f (ω)*, bei denen die Amplitude gegenüber einem Maximalwert um einen nach unterschiedlichen Definitionen festgelegten Faktor absinkt.
In der BMSR-Technik wird die 6-dB-Grenzfrequenz als die Frequenz verwendet, bei der die Amplitude um 6 dB abgefallen ist. In der allgemeinen Elektrotechnik wird häufig die 3-dB-Grenzfrequenz verwendet. Dabei beträgt die Phasendrehung 45° *(45°-Frequenz)*, der Amplitudenabfall verhält sich wegen der Gleichheit von imaginärer und reeller Komponente wie $1 : \sqrt{2}$ ($\approx$ 3 dB).
Gille, Pelegrin, Decaulne : Lehrgang der Regelungstechnik, Bd. 1. Berlin und München 1960.

Grenzwertschalter

Zusatzausrüstung für Meßeinrichtungen, die beim Über- oder (und) Unterschreiten von Grenzwerten Zwei- oder Mehrpunktsignale abgeben kann. Diese Signale werden entweder nach Fernübertragung zur optischen oder akustischen Anzeige von Betriebszuständen benutzt, oder sie dienen als Befehlssignale für Zwei- bzw. Mehrpunktregelungen. Die G. geben meist elektrische, gelegentlich jedoch auch pneumatische Signale ab. In anzeigenden Meßeinrichtungen werden elektrische G. meist als mechanisch gesteuerte Kontakte, fotoelektrische An-

ordnungen oder ↑*Aussetzgeneratoren* aufgebaut. Pneumatische G. arbeiten mit Düsen, die durch meßwertgesteuerte Abdeckfahnen verschlossen werden können.

Für nichtanzeigende Meßeinrichtungen mit elektrischem Ausgangssignal (Signalträger: Strom oder Spannung) werden die G. meist mit monostabilen Vibratoren aufgebaut. Bei pneumatischem Ausgangssignal (Signalträger: Druck) werden spezielle Druckmeßeinrichtungen als G. eingesetzt.

Größe

↑*Physikalische Größe.*

Größengleichung

G. gelten unabhängig von der Wahl der Einheiten. In G. werden die ↑*physikalischen Größen* entweder als Formelzeichen oder als Produkt aus ↑*Zahlenwert* und ↑*Einheit* eingesetzt.

Beispiel :

$$p = \frac{F}{S}$$

oder

$$p = \frac{5 \text{ kp}}{2 \text{ cm}^2}$$

$$= 2,5 \frac{\text{kp}}{\text{cm}^2} .$$

Die G. wird zur *zugeschnittenen G.*, wenn jede Größe durch die zugehörige Einheit dividiert wird.

Beispiel :

$$U = IR \quad \text{Größengleichung,}$$

$$U_{/\text{V}} = I_{/\text{mA}} \, R_{\text{k}\Omega} \quad \text{zugeschnittene G.}$$

Wallot : Größengleichungen, Einheiten und Dimensionen. Leipzig 1953.

Grundbegriffe der Meßtechnik

Die G. sind in DIN 1319 und TGL 0-1319 „Meßtechnik, Grundbegriffe" definiert worden.

Grundeinheit

Maß-↑*Einheit* für eine der ↑*Grundgrößen* eines Einheitensystems der Physik. Die weiteren Einheiten des Systems werden so definiert, daß möglichst viele davon ↑*kohärent* und nur wenige inkohärent sind. Das ↑*Internationale Einheitensystem* (MKSA-System) definiert zu den sechs Grundgrößen folgende Grundeinheiten:

Meter	als Längeneinheit,
Kilogramm	als Masseneinheit,
Sekunde	als Zeiteinheit,
Ampere	als Einheit der Stromstärke,
Grad Kelvin	als Temperatureinheit,
Candela	als Einheit der Lichtstärke

Aus den meisten G. und den daraus abgeleiteten Einheiten können zusätzlich dezimale Vielfache und Teile durch *gesetzliche* ↑*Vorsätze* gebildet werden.

Förster : Die gesetzlichen Einheiten und ihre praktische Anwendung. Leipzig 1961.

Grundfehler

↑*Fehler.*

Grundfehlergrenze

↑*Fehlergrenze.*

Grundgröße

Physikalische Größe, die mit anderen Größen eines Teilgebiets der Physik durch mehrere Gesetzmäßigkeiten verknüpft ist und damit die Eigenarten dieses Teilgebiets besonders deutlich charakterisiert. Mehrere G. bilden mit den dazugehörigen *Grundeinheiten* die Grundlage für die unterschiedlichen ↑*Einheitensysteme* der Physik. Im Interesse der Eindeutigkeit der Größen, insbesondere für die praktische Meßtechnik, muß die Zahl↑der G. klein gehalten werden. Die minimale Beschränkung auf drei G. (z. B. in den CGS-Systemen) führt jedoch zu einer durch Potenzen mit gebrochenen Exponenten unübersichtlichen Verknüpfung der abgeleiteten Größen mit den G.

Beispiel : ↑*Dimension* der elektrischen Feldstärke $[E] = [l^{-\frac{1}{2}} \, m^{-\frac{1}{2}} \, t^{-1}])$.

Das ↑ *Internationale Einheitensystem* enthält sechs Grundgrößen. Davon sind für die Mechanik drei G., Länge, Masse und Zeit, erforderlich. Für die Elektrik und Magnetik tritt als weitere G. die Stromstärke hinzu, während für die Thermodynamik die Temperatur und für die Fotometrie die Lichtstärke benötigt werden.

Förster : Die gesetzlichen Einheiten und ihre praktische Anwendung. Leipzig 1961.

H

Haarhygrometer

Einrichtung zur Messung der relativen Feuchte von Gasen. Die Messung beruht auf der Eigenschaft des menschlichen Haares, seine Länge unter dem Einfluß von Feuchteschwankungen reproduzierbar zu verändern. Für anzeigende Meßgeräte wird die Längenänderung über eine kinematische Anordnung auf einen Zeiger übertragen. Für Regelungszwecke werden H. hauptsächlich als Meßfühler des Feuchteregelkreises von ↑*Klimaregelungen* eingesetzt. Dabei ist sowohl die Verwendung pneumatischer als auch elektrischer Hilfsenergie üblich. Pneumatische Signale werden dabei vom Luftdruck getragen und durch ein Düse-Prallplatten-System erzeugt. Elektrische Signale werden entweder als Mehrpunktsignal *(*↑*diskretes Signal)* an den Kontakten mechanisch betätigter ↑*Grenzwertschalter* oder als ↑*kontinuierlich* analoges *Signal* am Schleifer eines Potentiometers abgegriffen. RA 48.

Halbleiter

H. sind chemische Elemente (z. B. Germanium, Silizium, Selen) oder chemische Verbindungen (z. B. Kupferoxid), deren spezifischer Widerstand stark temperaturabhängig ist und zwischen dem der Metalle und dem der Nichtleiter liegt. Die elektrischen Eigenschaften der reinen H. können wesentlich durch gezielte Einlagerung von Fremdatomen in das Kristallgitter des Grundmaterials beeinflußt werden. H. werden als Grundmaterial für Transistoren, Kristalldioden, Gleichrichter, Thermistoren, Fotoelemente, Fotozellen oder Fotowiderstände verwendet.

Harmonischer Mittelwert

↑ *Mittelwert.*

Heizwertmessung

In der gaserzeugenden und gasverbrauchenden Industrie wird der Heizwert von Gasen als Maß für die von den Gasen erzeugbare Energie bestimmt. Der Heizwert gibt an, wieviel kcal je kg eines Brennstoffs bei vollständiger Verbrennung abgegeben werden können. Die Heizwertmeßgeräte beruhen auf einer Kombination von Temperatur- und Mengenmeßeinrichtungen, mit denen der Volumenstrom des Meßgases und des Kühlwassers sowie die bei der Gasverbrennung auftretende Temperaturänderung des Kühlwassers erfaßt werden. RA 22.

Hilfsenergie

Die einer BMSR-Einrichtung zur Gewährleistung ihrer Funktion ständig oder zeitweise zugeführte Energie.

BMSR-Einrichtungen können mit elektrischer, pneumatischer oder hydraulischer H. arbeiten. Die Wahl der H. richtet sich hauptsächlich nach dem ↑ *Signalträger* des Ausgangssignals eines Wandlers sowie bei Regelungssystemen nach den für diese Systeme geltenden Richtlinien. Für das System ↑ursamat sind z.B. folgende H.-Quellen vorgesehen (Klammerwerte nur in Ausnahmefällen):

1. *Elektrische H.-Quellen*
   Gleichspannung: 6; 12; 24; 48; 110; (220) V.
   Wechselspannung (einphas.): (42); (110); (127); 220 V.
   Wechselspannung (dreiphas.): 220/380 V.

2. *Pneumatische H.-Quellen*
   Luftdruck: 130 mmWS; 1,4; 2,5; 4; 6; (10) kp/cm².

3. *Hydraulische H.-Quellen*
   Öldruck: 10; 16; 25; 40; 63; 100; 160 kp/cm².

Hubkolbenzähler

Flüssigkeitsvolumenzähler, bei dem ein in einem Zylinder auf- und abgehender Kolben (s. Bild) in Verbindung mit einem

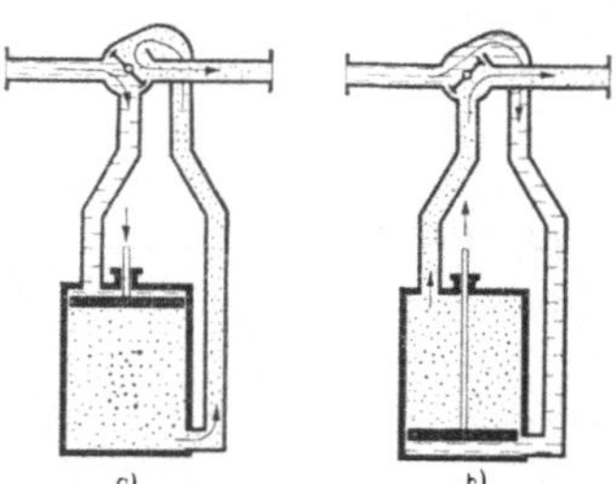

Umschaltventil die zu messende Flüssigkeit in Teilmengen zerlegt und die gemessene Menge gleichzeitig mit dem nächsten Füllvorgang dem Auslauf zuführt. Die H. sind für die Messung zäher, verschmutzter, heißer und gasender Medien geeignet. Sie können für den eichpflichtigen Verkehr zugelassen werden (Eichfehlergrenze 0,5%). Übliche Nennweiten: 40 bis 200 mm. RA 32.

I

Induktiver Durchflußmesser

Auf dem Induktionsgesetz beruhende Meßeinrichtung zur Bestimmung des Durchflusses Q (Dimension:

$$[Q] = \frac{[\text{Volumen}]}{[\text{Zeit}]} \quad \text{bzw.} \quad [Q] = \frac{[\text{Masse}]}{[\text{Zeit}]}$$

von elektrisch leitenden Flüssigkeiten. Ein I. besteht aus dem Meßfühler, dem Meßverstärker und einem je nach Schaltungsaufbau unterschiedlich gestalteten Rückführbaustein (s. Bild a). Der Meßfühler enthält eine Feldwicklung zur

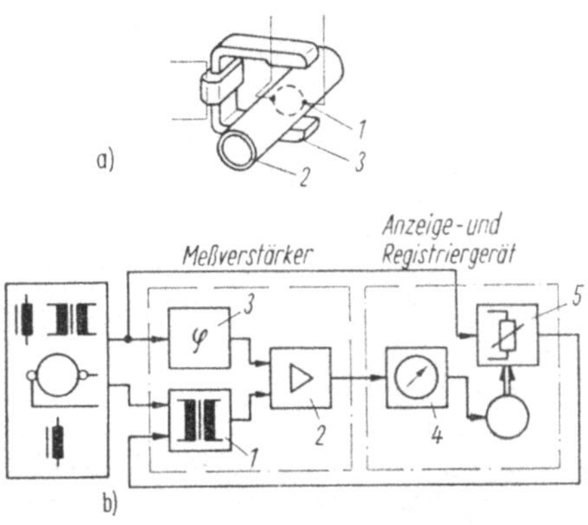

Erzeugung eines Erregerwechselfelds, ein unmagnetisches, innen isoliertes Rohr *2* und ein Elektrodenpaar *1* zum Abgriff der induzierten Spannung. Die im Bild b dargestellte Schaltungsvariante mit ↑*Poggendorf-Kompensator* vergleicht die Meßspannung bei *1* mit der Rückführspannung und führt die Differenz über *2* dem Kompensator *4* zu, an dessen Rückführpotentiometer *5* die Vergleichsspannung abgegriffen wird. Der Baustein *3* dient der Kompensation von parasitär induzierten Spannungen. Anwendung des I.: Messung des Durchflusses von Laugen, Säuren, Abwässern und Lebensmitteln sowie von breiigen und feststoffhaltigen Medien. RA 32.

Informationsgewinnung

Prozeß der Wandlung einer ↑*Meßgröße* in das ↑*Ausgangssignal* einer Meßeinrichtung. Der Begriff I. wird hauptsächlich bei der Einteilung von Regel- oder Steuereinrichtungen sowie von Datenverarbeitungsanlagen nach den Kategorien ↑*Informationsverarbeitung* und *Informationsgewinnung* verwendet. RA 35.

Informationsparameter

Parameter einer physikalischen Größe (bzw. eines ↑*Signalträgers*), der für die Abbildung des ↑*Werteverlaufs* einer zu signalisierenden Größe geeignet ist. Solche Parameter können sein: Phasendifferenz periodischer Vorgänge (Bild a),

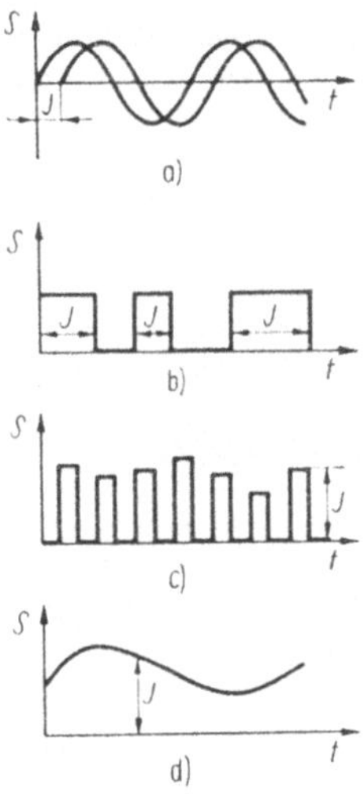

Impulsbreite (Bild b), Impulshöhe (Bild c), Amplitude (Bild d). Der dem Werteverlauf einer zu signalisierenden Größe entsprechende Werteverlauf des I. heißt *Signal*.

Beispiele:

1. Die Schwankungen der Ausgangsspannung eines Thermoelements sind

Signale der Eingangstemperatur. Signalträger ist die Ausgangsspannung, deren Amplitude den *Informationsparameter* darstellt.

2. Winkel-Kode-Umsetzer

Signalisierte Größe: Winkeländerung der Eingangsgröße.
Signalträger: Spannung.
Informationsparameter: Amplitude.
Signal: diskreter Wert des Kodes.
TGL 14591, DIN 19226.

Informationsverarbeitung

Prozeß, der bei der Verarbeitung des Signals der Meßeinrichtung in einem Regelkreis, einer Steuerkette oder einer Datenverarbeitungsanlage abläuft. Demgegenüber ist die ↑*Informationsgewinnung* Aufgabe der Meßeinrichtung. Die I. umfaßt die Speicherung von Signalen, den Vergleich des Istwerts mit dem Sollwert, die rechnerische Weiterverarbeitung des Eingangssignals (z. B. Korrektur der Informationen) und die Wandlung des Signals entsprechend der Struktur der Übertragungsglieder (z. B. Bildung von P-, I- und D-Anteilen). RA 35.

Infrarotabsorptionsmethode

Verfahren zur Analyse von Gasen mit Hilfe der unterschiedlichen Absorption infraroter Strahlung in einem Vergleichsgas und in dem Meßmedium. Zwei Infrarotstrahler *1* (s. Bild) senden ihre Strahlen durch die Meßküvette *2* und die

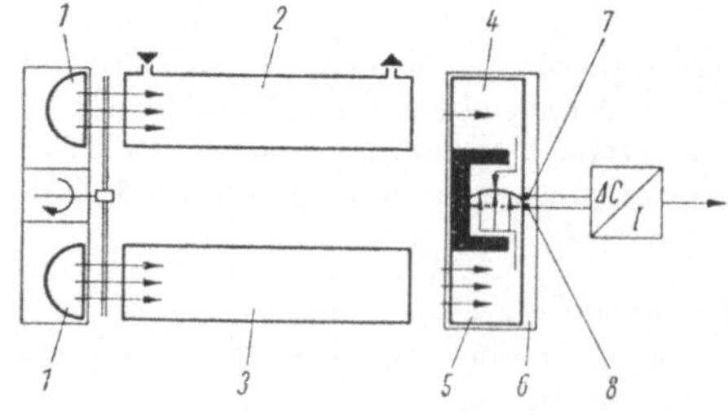

Vergleichsküvette *3* in die entsprechenden Kammern *4* und *5* eines Strahlungsempfängers *6*. Das Meßmedium durchfließt die Meßküvette, wobei die Infrarotstrahlen entsprechend dem Absorptionsspektrum der darin enthaltenen Gaskomponenten absorbiert werden. Die Vergleichsküvette enthält außer der zu messenden Komponente die gleichen Gaskomponenten wie das Meßmedium, so daß in den Kammern des Strahlungsempfängers, die mit der zu messenden Gaskomponente gefüllt sind, bei der Absorption der ankommenden Reststrahlung unterschiedliche Erwärmungen auftreten. Diese Temperaturdifferenz bewirkt eine konzentrationsabhängige Durchbiegung der Membran *7*, die mit dem Sieb *8* einen Kondensator bildet. Die Konzentration der zu untersuchenden Komponente bildet sich also auf eine Kapazitätsänderung ab, die durch weitere Abbildungsprozesse in ein für die Informationsverarbeitung geeignetes Signal gewandelt werden kann. RA 22.

Innenwiderstand

An den Klemmen eines als aktiver oder passiver ↑*Zweipol* darstellbaren elektrischen Netzwerks (bzw. eines Wandlereingangs bzw. -ausgangs) wirksamer resultierender Widerstand.

Ermittlung des I.:

1. *Messung*

   Bei aktiven Zweipolen mit linearen Elementen Messung der Leerlaufspannung U_1 und des Kurzschlußstroms I_k. Dann ist

$$R_i = \frac{U_1}{I_k} \quad \text{(s. Bild a und b).}$$

   Bei passiven Zweipolen Messung durch Widerstandsmeßbrücken.

2. *Berechnung*

   Bei aktiven Zweipolen, die aus linearen Elementen aufgebaut sind,

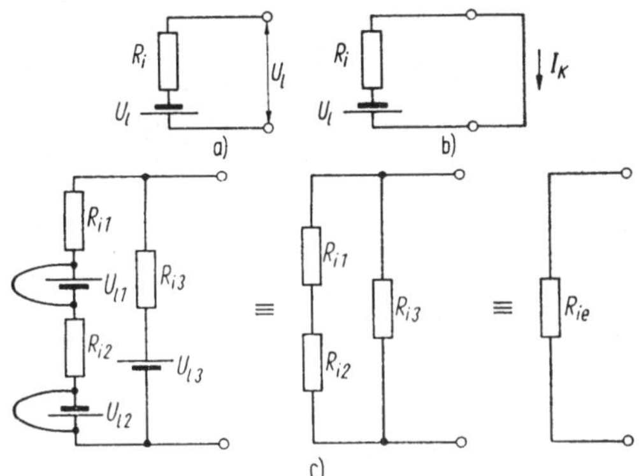

werden alle Spannungsquellen als kurzgeschlossen betrachtet. Aus der verbleibenden Widerstandskombination wird der resultierende Widerstand, der mit dem I. identisch ist, berechnet.

Beispiel:

Im Bild c ist

$$R_\text{ie} = \frac{(R_\text{i1} + R_\text{i2})\, R_\text{i3}}{R_\text{i1} + R_\text{i2} + R_\text{i3}}.$$

Intermittierender Betrieb

Betriebsart für Geräte und Einrichtungen, in der diese im Gegensatz zum ↑*Dauerbetrieb* zeitweise außer Betrieb sind. Exaktere Bezeichnung für I.: ↑*kurzzeitiger Betrieb,* ↑*aussetzender Betrieb.*

Internationales Einheitensystem

System von Maßeinheiten, das sich auf sechs ↑*Grundgrößen* mit den zugehörigen Grundeinheiten

Meter	m	als Längeneinheit,
Kilogramm	kg	als Masseneinheit,
Sekunde	s	als Zeiteinheit,
Ampere	A	als Einheit der Stromstärke,
Grad Kelvin	°K	als Temperatureinheit,
Candela	cd	als Einheit der Lichtstärke

aufbaut. Aus diesen Einheiten werden weitere ↑*kohärente* und *inkohärente Einheiten* abgeleitet, die in den meisten Fällen durch *gesetzliche* ↑*Vorsätze* zu dezimalen Vielfachen und Teilen erweitert werden können. Das I. wurde von der X. Generalkonferenz für Maß und Gewicht, die im Oktober 1954 in Sèvres bei Paris stattfand, den Mitgliedsländern zur gesetzlichen Festlegung empfohlen. Das I. enthält auch die *absoluten elektrischen Einheiten*, die am 1. Januar 1948 in Paris verkündet wurden.
Förster: Die gesetzlichen Einheiten und ihre praktische Anwendung. Leipzig 1961.

Internationales Maßsystem der Elektrotechnik

Im Jahr 1908 wurde das *Praktische Internationale Maßsystem der Elektrotechnik* international vereinbart und am 1. Januar 1948 durch die *absoluten Einheiten* abgelöst. Das I. galt nur für die Elektrik und beruhte auf den ↑*Grundgrößen* Länge, Zeit, Stromstärke und Widerstand.

Während für Länge und Zeit die *Grundeinheiten* und die Normalien der Mechanik Gültigkeit hatten, wurde die Einheit des Widerstands durch einen Quecksilberfaden (Länge 106,300 cm, Masse 14,4521 g) und die Einheit der Stromstärke durch eine elektrolytisch abgeschiedene Silbermenge (Abscheidung von 1,118 mg Silber durch 1 A in 1 s) definiert. Als Subnormal wurde für die Spannung das Weston-Normalelement eingeführt.

Bei möglichen Verwechslungen mit Einheiten anderer Systeme werden die Einheiten des I. mit dem Index int versehen (Ω_{int}, A_{int}, W_{int}). Zu den heute gültigen *absoluten Einheiten* (bei Bedarf Index abs oder a) haben die Einheiten des I. Abweichungen, die unter 0,05% liegen. Insbesondere bei Betriebsmeßgeräten sind diese Abweichungen wegen der dort üblichen Fehlergrenzen zwischen 0,5 und 5% vernachlässigbar, so daß ältere Geräte nicht nachgeeicht zu werden brauchen.

Förster : Die gesetzlichen Einheiten und ihre praktische Anwendung. Leipzig 1961.

Istwert

Augenblickswert der ↑*Meß-* oder *Regelgröße* bzw. Augenblickswert des ↑*Informationsparameters* eines ↑*Signals*. Der Begriff I. wird in Gegenüberstellung zum Begriff *Sollwert* verwendet, der den von einer selbsttätigen Regelung oder von einer Handregelung einzuhaltenden Wert charakterisiert.

K

Kapazitive Füllstandsmessung

Verfahren zur Messung des Füllstands von mit Flüssigkeiten oder mit Schüttgütern gefüllten Behältern. Eine bei elektrisch leitenden Füllstoffen isolierte und bei elektrisch nichtleitenden Füll-

stoffen unisolierte Sonde *1* (s. Bild) bildet mit der Flüssigkeit bzw. mit der Behälterwand eine Kapazität, die in anschließenden Wandlern durch ↑*Brückenschaltungen* oder durch Messung des Blindwiderstands der Kapazität in ein für die Anzeige *5* oder den informationsverarbeitenden Teil einer Regel- oder Steuereinrichtung geeignetes Signal umgeformt wird. RA 31.

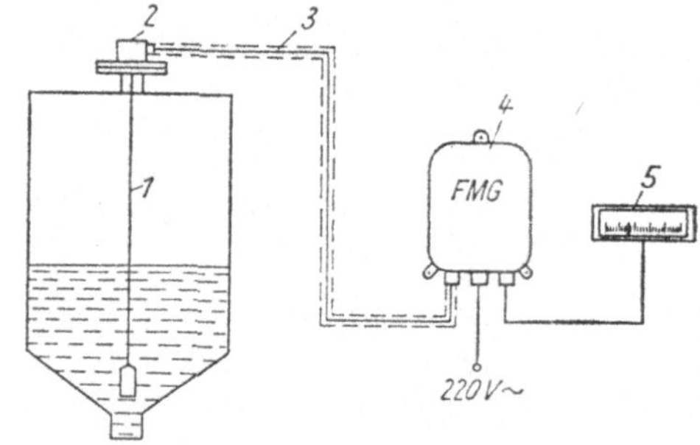

Kapazitive Füllstandsschaltgeräte

Grenzwertschalter, die nach dem Prinzip der ↑*kapazitiven Füllstandsmessung* bei Berührung einer in den Behälter ragenden Sonde durch das Füllgut ein digitales Signal abgeben (s. Bild). RA 31.

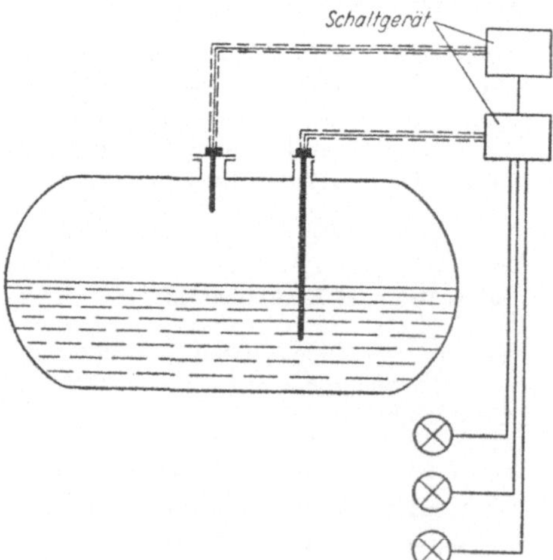

Kardanfehler

Systematischer ↑*Fehler*, der bei der Übertragung von Winkeln durch Kardangelenke in Perioden von jeweils 360° auftritt. In der Betriebsmeßtechnik hat der K. bei allen Meßeinrichtungen Bedeutung, die kardanisch aufgehängte Kreisel als Meßfühler für die Größen Drehmoment, Winkel oder Drehzahl verwenden. In mechanischen Baugruppen von Betriebsmeßeinrichtungen tritt der K. außerdem dann auf, wenn Winkelbewegungen zum Zweck der Anzeige oder der Umlenkung in eine andere Richtung durch zwei mit einem Kardangelenk verbundene gegeneinander abgewinkelte Wellen übertragen werden.

Kennlinie

Darstellung eines funktionellen Zusammenhangs zweier Veränderlicher in zweidimensionaler Darstellung. Üblich sind u. a.:

1. ↑*Statische K.*

   Zur Darstellung des Verhaltens $x_a = f(x_e)$ des Ausgangssignals x_a eines Gliedes einer BMSR-Einrichtung als Funktion der Eingangsgröße x_e im eingeschwungenen Zustand (s. Bild). *Beispiel:* statische K. eines ↑*Differentialtransformators* als Winkel-Spannungs-Wandler.

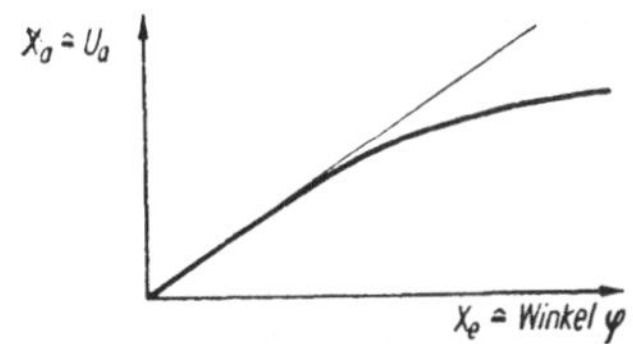

Weitere statische K. dienen zur Charakterisierung des Verhaltens von Bauelementen *(Röhrenkennlinien,* ↑*Kennlinienfeld)* sowie z. B. zur Darstellung des Einflusses eines Umweltparameters auf den ↑*Grundfehler* oder auf das Ausgangssignal.

Außerhalb der BMSR-Technik wird der Begriff statische K. u. a. auch für Leerlauf-K. von elektrischen Maschinen angewendet.

2. ↑*Dynamische K.*

   Darstellung des dynamischen Verhaltens eines Gliedes einer BMSR-Einrichtung. Zu den dynamischen K. gehören die *Frequenz-K.* mit den *Amplituden-K.* und den *Phasen-K.* Außerhalb der BMSR-Technik wird der Begriff dynamische K. auch für alle K. angewendet, die unter Last, d. h. während eines Arbeitsprozesses einer Maschine oder eines Geräts aufgenommen worden sind. RA 36.

Kennlinienfeld

Darstellung mehrerer ↑*Kennlinien* in einem zweidimensionalen Diagramm. Jede der Einzelkennlinien eines K. gestattet nur die Darstellung des Zusammenhangs zwischen einer unabhängigen

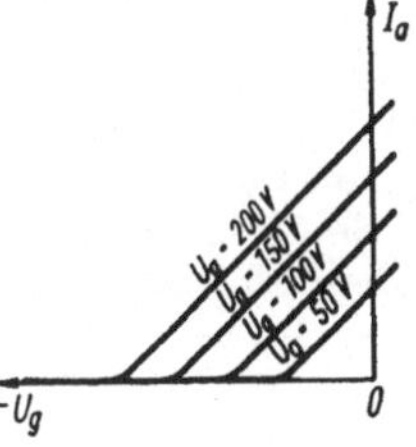

(x) und einer abhängigen (y) Veränderlichen. Soll der Einfluß einer dritten Veränderlichen dargestellt werden, so muß deren Änderungsbereich in sinnvolle Stufen zerlegt werden und jede dieser Stufen als *Parameter* einer Kennlinie $x = f(y)$ zugeordnet werden. Das entstehende K. gibt dann Aufschluß über den Einfluß zweier Veränderlicher auf die Funktion.

Beispiel:

I_a-U_g-Kennlinienfeld einer Triode (s. Bild).
Parameter: Anodenspannung U_a.

Kennwerte

Parameter, die das statische (↑*statische K.*) und das dynamische (↑*dynamische K.*, ↑*Zeitkonstante*) Verhalten eines Gliedes einer BMSR-Einrichtung charakterisieren. Die K. werden den entsprechenden statischen und dynamischen ↑*Kennlinien* entnommen.

Klima

Physikalischer und chemischer Zustand der Atmosphäre im Freien oder in Räumen einschließlich der tages- und jahreszeitlichen Veränderungen. Insbesondere BMSR-Geräte werden häufig im Freien montiert und sind daher derartigen Einflüssen ausgesetzt. Gehen diese über die *normalen* ↑*Betriebsbedingungen* hinaus, so müssen in den *speziellen Betriebsbedingungen* die zu erreichenden ↑*Klimaschutzarten* (TGL 9200) angegeben werden.

Klimaregelung

Regelung des Klimas von Innenräumen (Repräsentations-, Wohn-, Arbeits- und Produktionsräume) zur Gewährleistung des Wohlbefindens der sich in diesen Räumen aufhaltenden Menschen, zur Verbesserung von technologischen Eigenschaften von Rohstoffen (Textilfabriken) oder zur Verlängerung der Haltbarkeit von Lagergut (Kühlhäuser). Die Regelung erfolgt durch je einen Regelkreis für Temperatur und *relative Feuchte*. Beide Größen sind über die *Regelstrecke* miteinander verknüpft.

Meßtechnisch besteht besonders bei großen Räumen eine Schwierigkeit für die zweckmäßige Anbringung der Meßfühler. Jeder der beiden Regelkreise muß je nach Vorzeichen der Regelabweichung über zwei unterschiedlich arbeitende Stelleinrichtungen verfügen: der Temperaturkreis über Heiz- und Kühleinrichtungen, der Feuchtekreis über Trocknungs- und Befeuchtungseinrichtungen.

Klimaschutzart

Zusammenfassung der am häufigsten vorkommenden Kombinationen von Temperatur und Feuchtigkeit zu fünf K., die außerdem noch in die Kategorien

I   Freiluftklima,

II   Außenraumklima,

III Innenraumklima

unterteilt sind.

Klimaschutzart	Schutz gegen Beanspruchung durch
TF	feuchtwarmes, trockenwarmes und kaltes Klima
THA	feuchtwarmes und trockenwarmes Klima
TH	feuchtwarmes Klima
TA	trockenwarmes Klima
F	kaltes Klima

Außerdem können folgende Zusatzbeanspruchungen auftreten, die teilweise auch von anderen Vorschriften der BMSR-Technik (↑*Betriebsbedingungen*, ↑*Schutzgrade*, ↑*Schutzarten*) erfaßt werden:

Sand und Staub,
Eindringen von Wasser,
Schimmelpilze,
Bakterien,
Termiten und andere Schädlinge,
fotochemische Wirkung von Strahlungen,
Wärmewirkung von Strahlungen,
Radioaktivität und Höhenstrahlung,
Salzsprühung,
schwebende und gelöste Stoffe in Gasen,
chemische Agenzien (z. B. auch Ozon),
mechanische Beanspruchungen,
verminderter Luftdruck.

Klirrfaktor

In der Nachrichten- und Hochfrequenz-
technik übliche Bezeichnung für den
↑Oberwellengehalt.

Kohärente Einheiten

Einheiten, in deren Definitionsgleichung
alle Koeffizienten gleich 1 sind.

Beispiel:

Geschwindigkeit

$$[v] = \frac{m}{s}.$$

Kraft (als kohärente Einheit)

$$[F] = 1\,\text{N} = 1\,\frac{m\,kg}{s^2}.$$

Kraft (als inkohärente Einheit)

$$[F] = 1\,\text{kp} = 9{,}81\,\frac{m\,kg}{s^2}.$$

Innerhalb von Einheitensystemen werden vor allem die von den ↑*Grundeinheiten* abgeleiteten Einheiten kohärent definiert.

Wallot: Größengleichungen, Einheiten
und Dimensionen. Leipzig 1953.

Kolbenzähler (auch Verdrängungs-zähler)

Oberbegriff für alle Volumenzähler, bei
denen die strömende Flüssigkeit mit
Hilfe von rotierenden oder pendelnden
Kolben in Teilmengen zerlegt und dem
Auslauf des Zählers zugeführt wird. Gegenüber den *Auslaufzählern* mit festen
Meßkammern hat die Meßkammer der
K. durch die Kolbenbewegung beweg-
liche Trennwände. Zu den K. gehören
die ↑*Wälzkolben-*, ↑*Ringkolben-*, ↑*Dreh-
kolben-*, ↑*Taumelscheiben-*, ↑*Hubkolben-*
und die *Mehrkolbenzähler*.

Kompensationsanzeigegerät

Meist nach dem ↑*Lindeck-Rothe-Verfahren* arbeitendes ↑*Anzeigegerät*, das für
die leistungsarme Messung von Strömen
oder Spannungen geeignet ist und den
Werteverlauf seiner Eingangsgröße auf
einen ↑*eingeprägten Strom* abbildet. Diese
Signalart ermöglicht den Anschluß des
informationsverarbeitenden Teiles einer
Regel- oder Steuereinrichtung an das K.,
die Fernübertragung von Meßwerten
und den Anschluß weiterer Anzeige- und
Registriergeräte.

Kompensationsschreiber

Registriergerät zur Aufzeichnung von
Meßsignalen, die auf eine elektrische
Spannung oder einen Strom abgebildet
sind. Gegenüber den ↑*Linienschreibern*
zeichnen sich die K. durch hohe Genauigkeit aus (Fehlerklasse 0,5 gegenüber 1,5 bei Linienschreibern). Dem an
den Eingang gelangenden Spannungs-
oder Stromsignal wird durch den K.
eine gleich große Größe entgegengestellt,
die bei Spannungskompensation sowohl
nach dem ↑*Poggendorf-* als auch nach
dem ↑*Lindeck-Rothe-Verfahren* und bei
der Stromkompensation ausschließlich
nach dem Lindeck-Rothe-Verfahren erzeugt wird. Dadurch wird die Quelle des
Eingangssignals nicht belastet. Beim
Poggendorf-Verfahren werden gleichzeitig mit dem Kompensationspotentio-
meter des Rückführkreises der Zeiger und
das Schreibwerk des K. betätigt. Wegen
des zur Verfügung stehenden großen
Drehmoments können K. mit weiteren
Potentiometern zur Meßwertfernübertra-
gung, mit Grenzwertschaltern oder mit
pneumatischen Reglern ausgerüstet werden. Für die Registrierung der Meßwerte mehrerer Meßstellen werden die
K. zu *Punktdruckern* abgewandelt. Zur
Unterscheidung der dabei maximal
zwölf möglichen Meßstellen werden syn-
chron mit einem Meßstellenumschalter
unterschiedlich ausgebildete Drucktypen
des Druckwerks umgeschaltet.

Kompensationsverfahren

Arbeitsprinzip zur Messung oder Wandlung energietragender ↑*physikalischer Größen* (Strom, Spannung, Kraft), wobei der Meßgröße eine vom Wandler erzeugte gleich große Kompensationsgröße entgegengestellt wird. Das K. gehört zu den ↑*Nullverfahren.* Kompensationsmeßeinrichtungen entziehen dem Meßobjekt keine Energie, da in den Energiegleichungen $W_e = UIt$ und $W_m = Fs$ stets ein Faktor gegen Null geht: Bei Spannungskompensation (↑*Lindeck-Rothe-Verfahren,* ↑*Poggendorf-Verfahren*) fließt kein Strom in den Wandler, d. h., sein Eingangswiderstand wird unendlich. Bei der Stromkompensation (↑*Saugschaltung*) fällt am Eingang des Wandlers keine Spannung ab, d. h., der Eingangswiderstand geht gegen Nul .

Bei der ↑*Kraftkompensation* führt das kraftübertragende Glied wegen der sich einstellenden gleich großen Gegenkraft keine Bewegungen aus. Neben den kraftkompensierenden Meßeinrichtungen der Regelungstechnik arbeitet auch die Hebelwaage mit Kraftkompensation. Regelungstechnisch stellen Meßeinrichtungen mit selbsttätiger Kompensation einen Folgeregler dar, dessen Charakteristik je nach Struktur der Rückführung P- oder I-Anteile enthält.

Komplexmeßwarte

Zusammenfassung der Betriebsmeßgeräte sowie der Steuer- und Regeleinrichtungen einer aus mehreren aufeinanderfolgenden oder parallel ablaufenden Teilprozessen bestehenden Produktions- oder Verfahrensanlage zu einer ↑*Meßwarte.* Zur Entlastung der K. werden *Satellitenwarten* oder für die einzelnen Teilprozesse auch *Einzelwarten* eingerichtet. RA 49.

Konduktive Füllstandsschaltgeräte

Grenzwertschalter, die bei Berührung zwischen einer in den Behälter ragenden Sonde und dem elektrisch leitenden Füllgut ein digitales Signal abgeben (s. Bild: ↑*kapazitive Füllstandsschaltgeräte*).

Kontaktthermometer

Meßfühler zur Abgabe *binärer Signale.* Die K. sind in den meisten Fällen so aufgebaut, daß die Quecksilbersäule eines Ausdehnungsthermometers bei

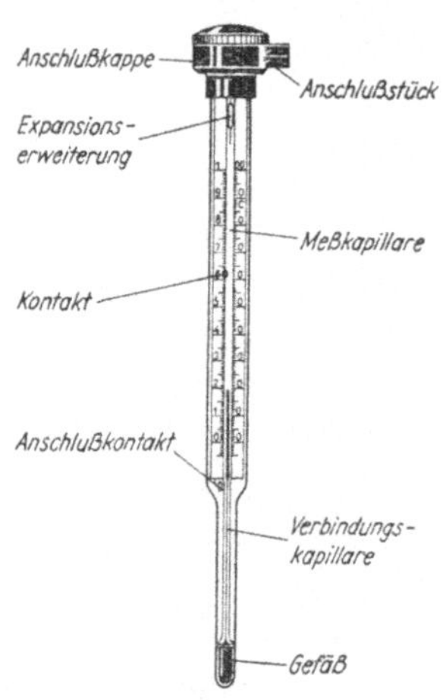

einer bestimmten Temperatur entweder einen Kontakt zu einem fest eingeschmolzenen oder zu einem von außen mit einem Magneten verstellbaren Metalldraht schließt (s. Bild) und damit ein binäres Signal abgibt. Die Kontaktstellen sind mit maximal 7 VA belastbar, wobei jedoch der Strom unter 35 mA liegen muß. RA 27.

Kontinuierliches Signal

Der ↑*Informationsparameter* kontinuierlicher Signale kann in jedem beliebigen Zeitpunkt einen neuen Wert annehmen (TGL 14591, DIN 19226). Sowohl ↑*analoge* als auch ↑*diskrete Signale* können kontinuierlich sein.

1. *Kontinuierlich analoge Signale*

Beispiele:

a) Die Ausgangsspannung U eines Thermoelements ist proportional der Temperatur δ und folgt der Eingangsgröße zu jedem Zeitpunkt (s. Bild a).

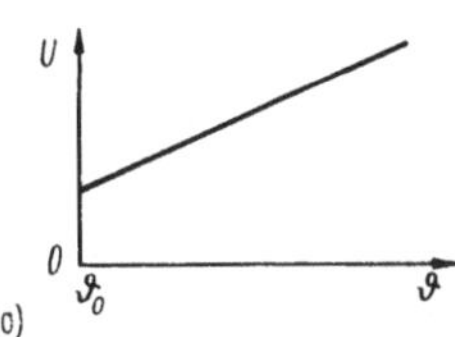

a)

b) Der Ausgangsdruck eines kraftkompensierenden Meßumformers ist der Eingangskraft proportional und folgt dieser zu jedem Zeitpunkt (s. Bild b).

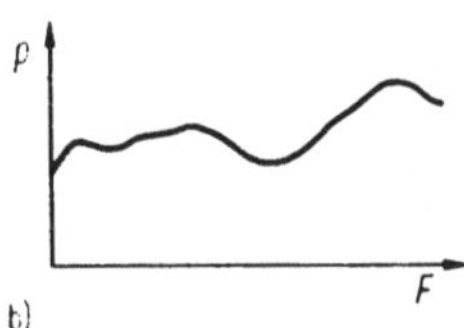

b)

c) Die Phasendifferenz $\Delta\varphi$ zweier zu synchronisierender Wechselspannungen ist zu jedem Zeitpunkt meßbar (s. Bild c).

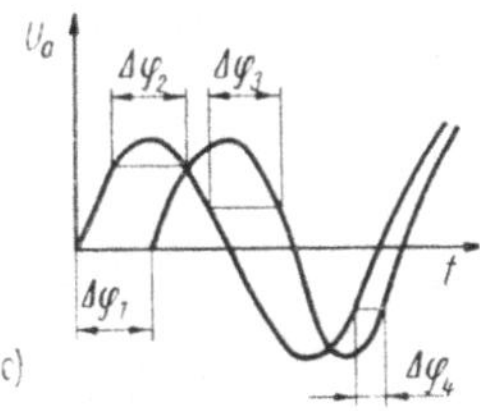

c)

2. *Kontinuierlich diskrete Signale*

Beispiel:

Füllstandsmessung durch einen Stufenwiderstand, dessen Schaltstufen durch einen Schwimmer S entspre-

chend dem Füllstand h betätigt werden (s. Bild d). Das Ausgangssignal $x_\mathrm{a} = f(h)$ (s. Bild e) ist ein kontinuierlich diskretes Signal.

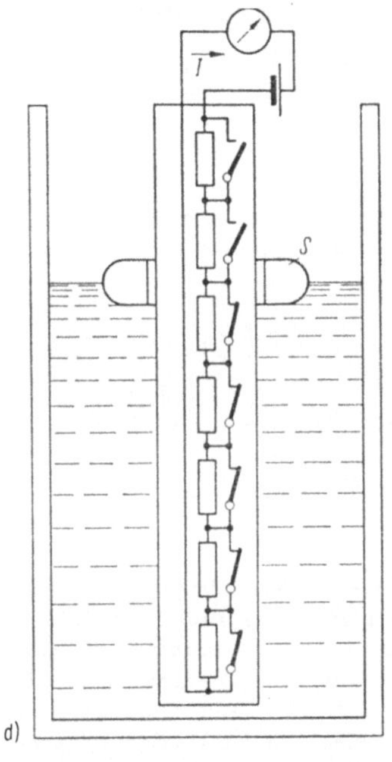

d)

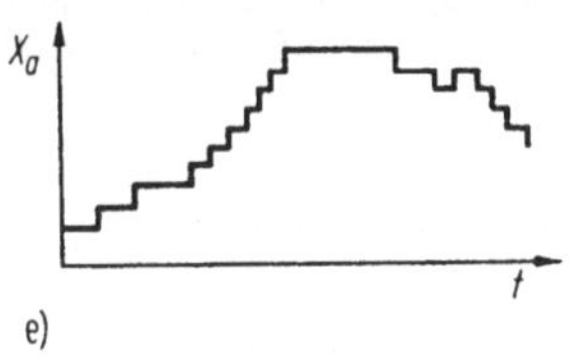

e)

Koordinatenschreiber

Registriergerät zur Aufzeichnung von Funktionen mit zwei Veränderlichen. Im Gegensatz zu Strom-, Spannungs- und Druckschreibern mit einem gleichmäßigen zeitproportionalen Vorschub der Abszisse können die Funktionswerte dieser Achse durch ein zweites Meßwerk beliebig verändert werden. Antrieb der beiden Koordinatenmeßwerke entweder durch Drehspulsysteme oder selbstabgleichende Kompensatoren. Anwendung zur Aufzeichnung statischer Kennlinien und als *Ortskurvenschreiber*.

Kraftkompensationsverfahren

Verfahren zur Wandlung der Signale mechanischer und thermischer Meßgrößen (z. B. Druck, Kraft, Dichte, Füllstand, Temperatur) in ein elektrisches oder ein pneumatisches ↑*Signal*. Elektrische Kraftkompensatoren (s. Bild a) bestehen aus einem Hebel, an dessen

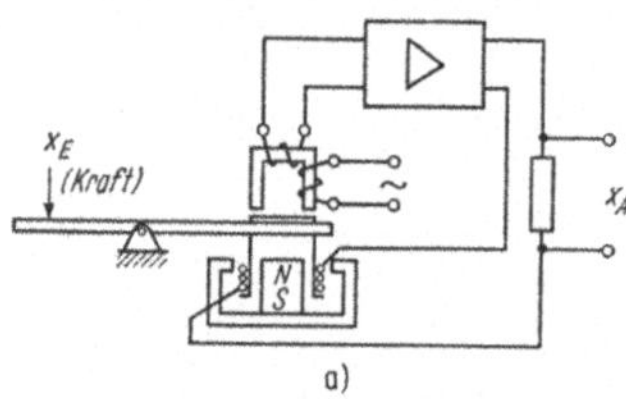

a)

einem Ende die das Meßsignal x_e tragende Kraft angreift. Der dabei auftretende Weg löst an einem induktiven Geber ein Wechselspannungssignal aus, das nach Verstärkung und Gleichrichtung zur Kompensation der Kraft der Tauchspule des Topfmagneten als Strom zugeführt wird. Dieser Rückführstrom hat

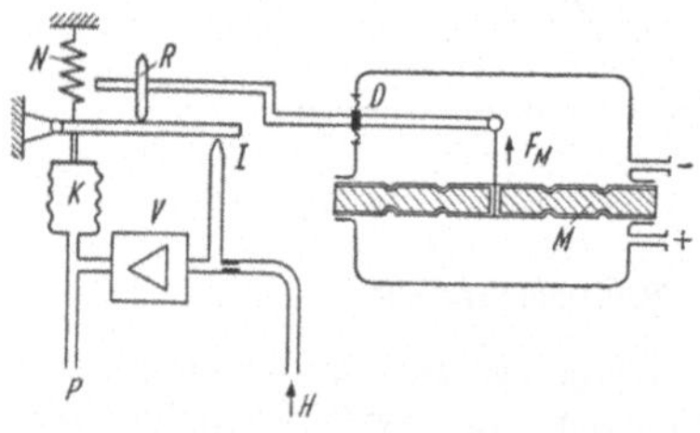

den Charakter eines ↑*eingeprägten Stromes* oder kann wie im Bild zur Erzeugung eines Spannungssignals verwendet werden.
Im Beispiel eines pneumatischen kraftkompensierenden Wandlers (s. Bild b)

wird die Eingangskraft F_M aus einem Differenzdruckmeßwerk gewonnen. Diese Kraft wirkt über den Drehpunkt D auf ein Düse-Prallplatte-System I. Nach Verstärkung des sich im Rohr der Düse aufbauenden Drucks erfolgt die Kraftkompensation über den Kompensationsbalg K, dessen Druck gleichzeitig das Ausgangssignal des Wandlers trägt. RA 34.

Kraftradizierung

Methode zur Radizierung des Wirkdrucksignals bei der Messung des ↑*Volumenstroms* nach dem Wirkdruckverfahren. ↑*Ringwaage*.

Kranwaage

Sammelbezeichnung für alle Arten von Waagen, die in Krananlagen eingebaut sind und das Wägen von den mit diesen Kranen transportierten Lasten ermöglichen. RA 23.

Kreuzspulmeßgerät

K. sind Drehspulmeßgeräte zur Messung des Quotienten zweier Ströme oder solcher ↑*physikalischer Größen*, die sich als Ströme darstellen lassen. In der

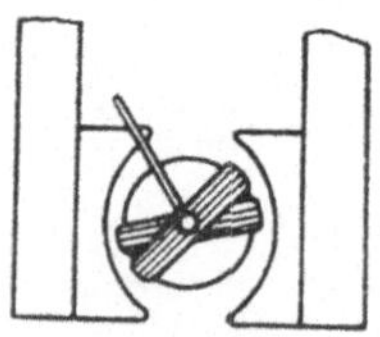

BMSR-Technik werden sie in ↑*Sekundärgeräten*, ↑*Meßwerkreglern* und anzeigenden Meßgeräten bei der Temperatur- und Feuchtemessung mit Widerstandsthermometern, in Gasanalysengeräten und für die Fernanzeige von Potentiometerstellungen angewendet. Derartige

Potentiometer werden an Druck-, Füll-
stands- und Mengenmeßgeräte montiert.

Gegenüber Drehspulmeßgeräten enthalten die K. zwei gekreuzte Spulen, die
so gepolt sind, daß sie entgegengesetzte
Drehmomente in dem permanenten Magnetfeld erzeugen. Die Nichtlinearität
des permanenten Feldes bewirkt eine
dem Verhältnis der Spulenströme entsprechende Einstellung des richtkraft-
losen Zeigers (s. Bild).

Moerder, C.: Quotienten- und Produktanzeigegeräte. Hamburg und
Berlin 1963

Kriechstrecke

Parameter zur Kennzeichnung des Schutzes eines elektrischen Aufbaus vor ungewollten, über Isolierstrecken abflie-
ßenden *Fehlerströmen*. Die K. ist der
kürzeste Weg zwischen zwei leitfähigen
Teilen längs der Oberfläche eines Isolier-
stoffkörpers oder entlang der Berüh-
rungsfläche von zwei Isolierstoffkörpern
(s. TGL 16559). Für elektrotechnische
Erzeugnisse und Einrichtungen sind bestimmte Mindestwerte für die K. einzuhalten, die von der Art und Amplitude
der verwendeten elektrischen Spannung,
der Form und dem Material der Isolier-
strecke sowie vom Zustand der Atmosphäre (Luftfeuchtigkeit, Staubgehalt,
Ionisation) abhängen. Für Betriebsmeßgeräte sind diese Zustandsparameter in
den *normalen* oder auch in den *speziellen*
↑*Betriebsbedingungen* anzugeben.

Kurzschlußstrom

Der über die kurzgeschlossenen Klemmen eines als ↑*Zweipol* darstellbaren
Netzwerks, eines ↑*Wandler*-Ausgangs
oder einer elektrischen Maschine flie-
ßende Strom. In der Betriebsart Kurzschluß fällt die gesamte Spannung der
Quelle über dem Innenwiderstand ab.

Kurzzeitiger Betrieb (Kurzzeit-Betrieb)

Betriebsart von Meßeinrichtungen und
elektrischen Maschinen, in der diese nur
kurzzeitig bei Bedarf oder während eines
kurzen Arbeitsprozesses in Betrieb sind.
↑*Aussetzender Betrieb* ↑*Dauerbetrieb*.

L

Lebensdauer

Die L. von Geräten ist von der Zuverlässigkeit der verwendeten Bauelemente
abhängig. Die Angabe erfolgt gewöhnlich durch den Gerätehersteller.

Leerlaufkennlinie

Darstellung der Abhängigkeit $y = f(x)$
zweier Parameter x und y einer Meßeinrichtung, eines Wandlers der BMSR-
Technik, eines Bauelements oder auch
einer Maschine unter den Bedingungen
des unbelasteten Betriebszustands.
Beispiel: I_a; U_g- und I_a; U_a-Kennlinien-
felder von Elektronenröhren.

Leerlaufspannung

Die an den offenen Klemmen eines als
↑*Zweipol* darstellbaren Netzwerks, eines
Wandlerausgangs oder einer elektrischen
Maschine mit leistungslos messenden
Voltmetern meßbare Spannung. In der
Betriebsart Leerlauf fällt am Innen-
widerstand wegen des fehlenden Stroms
keine Spannung ab.

Leistungsanpassung

Optimierung der elektrischen Zusammenschaltung zweier aufeinanderfolgender Glieder eines Übertragungswegs auf
die Übertragung einer maximalen Leistung. L. ist nur möglich, wenn sich der
Innenwiderstand R_1 und die Leerlaufspannung U_1 der Quelle sowie der Eingangswiderstand R_a des Empfängers
durch lineare Elemente darstellen lassen.
Die Bedingung der L. ist dann: $R_1 = R_a$.

Der Wirkungsgrad der Übertragung beträgt bei L. 50%, die übertragene Leistung $P = \dfrac{U_1{}^2}{4R_1}$. Bei ↑*Fehlanpassung* von 100% ($R_a = 2R_i$ oder $R_a = R_i/2$) vermindert sich die Leistungsübertragung um 11%. Bei vorgegebenen R_i und

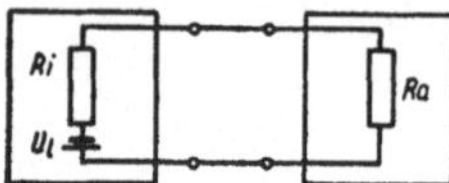

R_a wird die L. durch ↑*Anpassungstransformatoren* gewährleistet. Anwendung der L. bei Signalübertragungen über große Entfernungen.

Leitfähigkeitsmessung

Verfahren zur Bestimmung des Anteils eines ionenbildenden Stoffes in einer Flüssigkeit (z. B. wäßrige Salzlösungen). Die von der Ionenkonzentration abhängige Leitfähigkeit einer Flüssigkeit ist in bestimmten Mischungsbereichen eine näherungsweise lineare Funktion des Mischungsverhältnisses zwischen Lösungsmittel und Ionenbildner. Über die Konzentration eines bestimmten Stoffes in einem Lösungsmittel kann nur bei Einstofflösungen eine exakte Aussage gemacht werden. Bei allen Mehrstofflösungen gibt die Leitfähigkeit nur über den Gesamtgehalt an gelösten Stoffen Auskunft. Eine Schwankung des Verhältnisses der gelösten Stoffe zueinander geht in die Messung als Fehler ein. Anwendung der L. z. B. für die Untersuchung von Kesselspeisewasser. RA 26.

Leitstand

In der Nähe einer kleineren Produktions- oder Verfahrensanlage oder eines Anlagenteils befindliche Zusammenfassung der den Betrieb überwachenden Betriebsmeßgeräte sowie der Steuer- und Regeleinrichtungen. RA 49.

Leuchtschaltbild

Auf *Meßtafeln* oder *Pulten* von ↑*Meßwarten* angewendete Darstellung des ↑*Baugliedplans* oder des ↑*Signalflußplans* eines Regelkreises oder einer Steuerkette, wobei die *Wirkungslinien* dieser Pläne als ein- oder mehrfarbig beleuchtete Streifen ausgeführt sind. Die Farbe der Ausleuchtung entspricht dabei bestimmten Betriebszuständen der Anlage. Die bildliche Darstellung der Wirkungskette enthält außerdem Anzeigegeräte für Meßwerte, Grenzwerte und Signalpegel sowie Bedienungselemente für die Anlage. RA 49.

Lichtzeiger

In Galvanometern und in elektrischen Feinmeßgeräten verwendete ↑*Zeiger*, bei denen die Ablesemarke über einen Lichtstrahl von einem auf dem Rahmen der Meßspule befestigten Spiegel bewegt wird.

Lindeck-Rothe-Kompensator

Schaltung zur Messung der Spannung nach dem ↑*Kompensationsverfahren*. Der Spannung U_X (s. Bild) wird die am Widerstand R abfallende Spannung $I_a R$ entgegengestellt und die Differenz durch

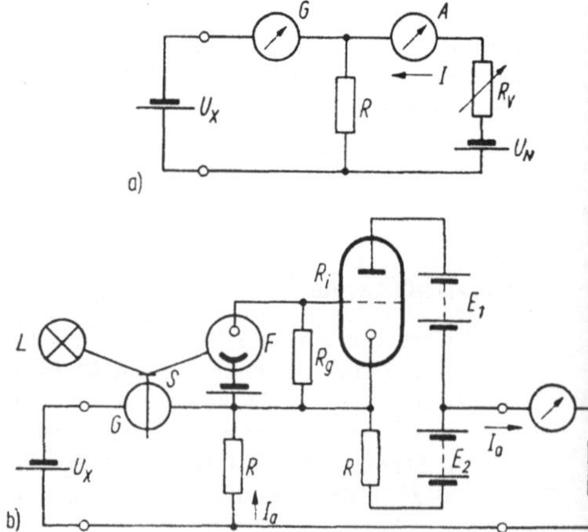

den Nullindikator G erfaßt. In der selbsttätigen Schaltung wird über Lichtquelle L, Spiegel S, Fotozelle F, Gitterwiderstand R_g und Röhreninnenwiderstand R_i die aus R_1, R_a, E_1 und E_2 bestehende Brücke verstimmt, so daß über R_b und R ein Diagonalstrom I_a fließt, der an R die erwünschte Gegenspannung zu U_x in beliebiger Polarität erzeugt. Die dargestellte Schaltung hat P-Verhalten (bleibende Regelabweichung).

L. werden wegen $U_x \sim I_a$ in vielen Varianten für Meßwandler mit ↑*eingeprägtem Strom* als Ausgangssignal verwendet.

Linienschreiber

Registriergerät zur Aufzeichnung von elektrischen Abbildungssignalen und von elektrischen Signalen mit vereinheitlichtem Änderungsbereich. Gegenüber ↑*Punktschreibern* werden L. eingesetzt, wenn stark streuende Meßwerte und kurzzeitige Meßwertschwankungen erfaßt werden sollen. Das Meßwerk der Schreiber muß jedoch zusätzlich das für die Betätigung der Schreibfeder notwendige Drehmoment aufbringen und nimmt daher aus der Signalquelle eine höhere Energie auf. Die Aufzeichnung des Werteverlaufs mehrerer Meßstellen ist nur durch den Einbau mehrerer Meßwerke in einen L. möglich.

Logarithmisches Dämpfungsdekrement

Die ↑*Sprungantwort* eines Systems zweiter Ordnung (z. B. RLC-Netzwerk oder Feder-Masse-Reibung-Anordnung) mit unterkritischer Dämpfung auf einen Eingangssprung zeigt ein Überschwingen

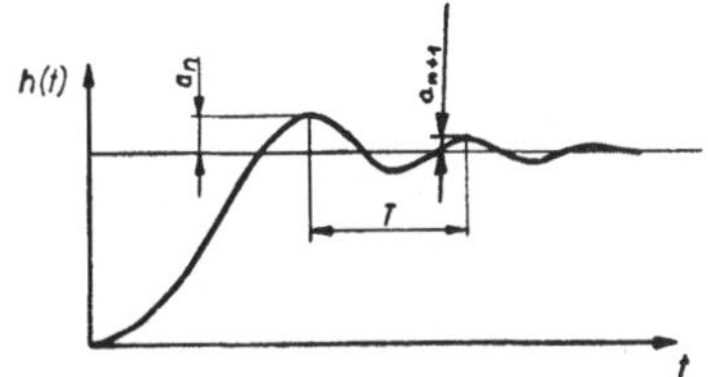

(s. Bild). Der natürliche Logarithmus des Verhältnisses zweier aufeinanderfolgender Überschwingamplituden a_n und a_{n+1} stellt das logarithmische Dämpfungsdekrement D dar. Bezogen auf die Differentialgleichung des Systems zweiter Ordnung

$$B_2 \ddot{x} = B_1 \dot{x} + B_0 x = 0$$

ergibt sich

$$D = \ln \frac{a_n}{a_{n+1}} = \frac{B_1 \tau}{2 B_2}$$

$$= \frac{2\pi}{\sqrt{\dfrac{4 B_2 B_0}{B_1^2} - 1}}.$$

Die Verwendung des natürlichen Logarithmus ergibt sich aus den bei der Lösung der obigen Differentialgleichung auftretenden e-Funktionen. Gelegentlich wird auch der Briggsche Logarithmus $D = \lg k$ aus dem *Dämpfungsverhältnis*

$$k = \frac{a_n}{a_{n+1}}$$

als logarithmisches Dämpfungsdekrement bezeichnet.

Logarithmisches Differenzieren

Das L. ist ein Verfahren zur Berechnung des Fehlers der ↑*Meßgröße*, der durch Veränderungen anderer Größen hervorgerufen wird, die mit der Meßgröße durch eine analytisch darstellbare Funktion verknüpft sind. Das Verfahren setzt den Differentialquotienten an die Stelle kleiner Fehler und ist daher nur bis zu Änderungen der Einflußgröße von etwa 5 % zulässig.

Schritte für die Berechnung:

1. Darstellung der Funktion, aufgelöst nach der Meßgröße.

2. Logarithmieren der Funktion (die Verwendung des natürlichen Logarithmus vereinfacht das anschließende Differenzieren).

3. Differenzieren der logarithmierten Funktion nach der Meßgröße.

4. Übergang vom Differential- zum Differenzenquotienten.

Beispiel:

In einer Parallelschaltung der Widerstände R_1 und R_2 soll die Auswirkung von Änderungen des Widerstands R_2 (z. B. durch Temperatureinfluß) auf den Ersatzwiderstand ermittelt werden.

1. Funktion:

$$R_\mathrm{r} = \frac{R_1\,R_2}{R_1 + R_2}\,.$$

2. Logarithmierung:

$$\ln R_\mathrm{r} = \ln R_1 + \ln R_2 - \ln (R_1 + R_2).$$

3. Differentiation:

$$\frac{\mathrm{d}\ln R_\mathrm{r}}{\mathrm{d}R_\mathrm{r}} = \frac{\mathrm{d}\ln R_1}{\mathrm{d}R_1}\frac{\mathrm{d}R_1}{\mathrm{d}R_\mathrm{r}} + \frac{\mathrm{d}\ln R_2}{\mathrm{d}R_2}\frac{\mathrm{d}R_2}{\mathrm{d}R_\mathrm{r}}$$

$$- \frac{\mathrm{d}\ln (R_1 + R_2)}{\mathrm{d}\,(R_1 + R_2)}$$

$$\frac{\mathrm{d}\,(R_1 + R_2)}{\mathrm{d}R_2}\frac{\mathrm{d}R_2}{\mathrm{d}R_\mathrm{r}}\,,$$

$$\frac{1}{R_\mathrm{r}} = \left(\frac{\mathrm{d}R_2}{R_2} - \frac{R_1}{R_1 + R_2}\right)\frac{1}{\mathrm{d}R_\mathrm{r}}\,.$$

4. Umformung und Übergang zum Differenzenquotienten:

$$\frac{\Delta R_\mathrm{r}}{R_\mathrm{r}} = \frac{\Delta R_2}{R_2}\frac{1}{1 + \dfrac{R_2}{R_1}}\,.$$

Der Fehler des resultierenden Widerstands ist also sowohl von der Schwankung $\dfrac{\Delta R_2}{R_2}$ des Widerstands als auch vom Verhältnis beider Widerstände abhängig.

Lose

Durch die Grenzen der Justierfähigkeit und der Präzision mechanischer Baugruppen bedingtes Spiel in Lagern, Hebelübertragungen und Getrieben. Reine L. wirkt in geschlossenen Wirkungskreisen meist entdämpfend, kann jedoch im Zusammenwirken mit Feder- oder Reibungsanordnungen den ↑*Ansprechwert* eines Wandlers oder eines Geräts beeinflussen.

Luftstrecke

Parameter zur Kennzeichnung des Schutzes eines elektrischen Aufbaus vor ungewolltem Spannungsausgleich zwischen zwei durch eine Luftstrecke getrennten elektrischen Leitern unterschiedlichen Potentials. Die L. ist die kürzeste als Fadenmaß gemessene Entfernung zwischen zwei leitfähigen Teilen in Luft (s. TGL 16 559). Die zulässige L. ist abhängig von der Form der leitfähigen Potentialträger und dem Zustand der umgebenden Atmosphäre (Luftfeuchtigkeit, Staubgehalt, Ionisation). Für Betriebsmeßgeräte sind diese Zustandsparameter in den *normalen* bzw. in den *speziellen* ↑*Betriebsbedingungen* anzugeben.

M

Magnesyn

Handelsname amerikanischer Firmen für ein spezielles ↑*Drehmelder*-System (s. Bild), bei dem im Geber- und im Empfängersystem drei um 120° versetzte

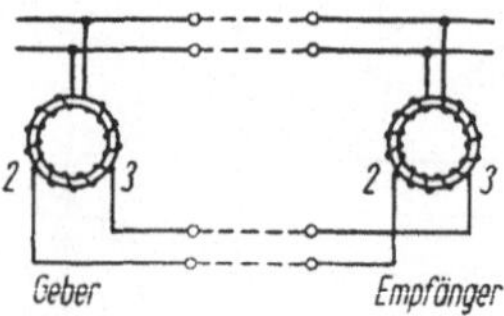

Wicklungen um einen Eisenring mit speziellen magnetischen Eigenschaften gelegt sind. In einem Knotenpunkt der Wicklungen wird die Hilfsenergie (z. B. 110 V, 400 Hz) eingespeist, während die beiden übrigen Knotenpunkte des Gebers und des Empfängers durch Fernleitungen miteinander verbunden sind. Der Rotor wird durch Permanentmagnete dargestellt, die die Magnetisierungskurve der Eisenringe entsprechend der jeweiligen Winkelstellung beeinflussen und die Ringe bis zur Sättigung magnetisieren. Durch die Überlagerung des magnetischen Gleichflusses und des durch die Hilfsenergie verursachten Wechselflusses entstehen im Geber Oberwellen, die über die Verbindungsleitungen dem Empfänger zugeführt werden und dort nach Überlagerung mit der Hilfsenergie wieder ein magnetisches Gleichfeld erzeugen. Dieses Gleichfeld übt auf den Permanentmagneten des Empfängers ein Drehmoment aus, das erst bei genauer Abbildung des im Geber eingestellten Winkels verschwindet.

Magnetverstärker

Elektrischer Verstärker, der auf der nichtlinearen Magnetisierungskurve ferromagnetischer Stoffe beruht. Im einfachsten Fall trägt der transformatorähnliche Kern eines M. eine Steuer- und eine Arbeitswicklung. Mit der Steuerwicklung wird über einen Gleichstrom der Arbeitspunkt des Verstärkers auf der Magnetisierungskennlinie des Verstärkers verschoben und dadurch der Arbeitsstrom durch den Verbraucher R_a beeinflußt. In der Betriebsmeßtechnik werden M. als Meßverstärker verwendet. Die Hauptanwendung liegt in der Antriebsregelung. Die Verstärker werden je nach Verwendungszweck nach verschiedenen Schaltprinzipien betrieben (Sättigungsschaltung, Selbstsättigungsschaltung, Induktivitätssteuerung). RA 8.

Makroskopische Geräusche

↑ *Rauschen.*

Maßeinheit

↑ *Einheit.*

Massendurchfluß

Meßgröße, die die Geschwindigkeit des Transports der Masse gasförmiger oder flüssiger Stoffe in Rohrleitungen charakterisiert $\left(\text{Dimension}: [M] = \dfrac{[m]}{[t]}\right)$. Die Größe M. wird entweder als Regelgröße bei Gemischregelungen oder zur Überwachung der Strömungsvorgänge in den unzugänglichen und undurchsichtigen Rohrleitungen von Verfahrensanlagen benötigt. ↑ *Massenstrom.*

Massendurchflußmesser

Meßeinrichtung zur Bestimmung des ↑ *Massendurchflusses.* M. können nach direkten und nach indirekten Verfahren aufgebaut werden. Im direkten Verfahren wird der Massendurchfluß bereits im Meßfühler durch Ausnutzung physikalischer Effekte auf ein Zwischensignal abgebildet.

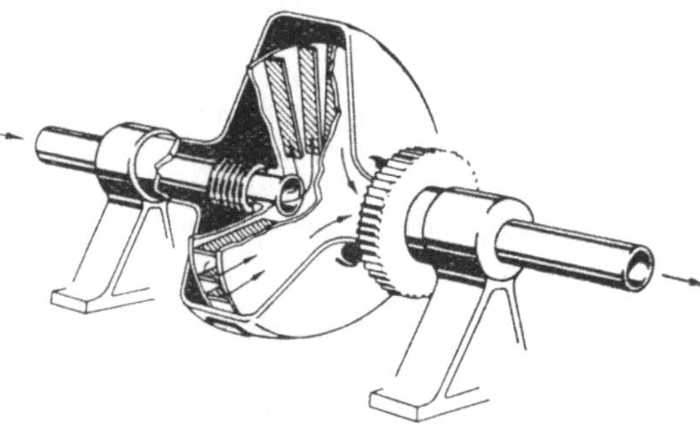

Beispiel : Abbildung des Massendurchflusses auf das Drehmoment als *Signalträger* durch Ausnutzung des Corioliseffekts (s. Bild).

Im indirekten Verfahren wird durch den Meßfühler zunächst der Volumendurchfluß auf einen Signalträger abgebildet und aus dem erhaltenen Signal durch anschließende Rechenglieder über die Beziehung

$$m = \varrho V$$

bzw.

$$M = \varrho \, \frac{\mathrm{d}V}{\mathrm{d}t}$$

der Massendurchfluß ermittelt. Das erfordert einen zweiten Meßfühler zur Bestimmung der Dichte ϱ, dessen Ausgangssignal dem Rechenglied ebenfalls zugeführt werden muß. Der Rechenvorgang erfolgt meist analog.

Massenstrom

Für die Meßgröße ↑*Massendurchfluß* $\left(\text{Dimension}: [M] = \dfrac{[m]}{[t]}\right)$ vorgeschlagener Begriff, um Wortverbindungen mit dem bisher nicht eindeutig angewandten Begriff *Durchfluß* zu vermeiden.

Maßsystem

System von *Maß-*↑*Einheiten,* das auf einem System von physikalischen *Grundgrößen* und anderen, daraus abgeleiteten Größen beruht. Die M. werden in jedem Staat durch Gesetze bestätigt. Zur Vereinheitlichung der M. aller Länder dienen internationale Empfehlungen *(*↑*Internationales Einheitensystem).*

Förster: Die gesetzlichen Einheiten und ihre praktische Anwendung. Leipzig 1961.

Mehrfarbenpunktschreiber

Registriergerät zur Aufzeichnung von elektrischen Abbildungssignalen und von Signalen mit vereinheitlichtem Änderungsbereich. ↑*Punktschreiber.*

Mehrpunktsignal

↑*Diskretes Signal.*

Membran

M. sind Bauelemente von Druckmeßeinrichtungen. Sie sind aus Symmetriegründen meist kreisförmig und wandeln den auf sie wirkenden Druck je nach dem Arbeitsprinzip der gesamten Meßeinrichtung in eine Kraft oder in einen Weg um. *Schlappe M.* bestehen aus nichtelastischem Material (z. B. Plast) und übertragen den Druck des Druckraums auf eine federnd abgestützte starre Platte. Sie trennen dabei gleichzeitig den Druckraum vom Meßraum. *Elastische M.* vereinen die Funktion des Abdichtens des Druckraums und der Druckumwandlung. Sie werden aus hystereesearmen Stahllegierungen oder Bronzen hergestellt.

Mengenumwerter

Rechenglied, das der Umrechnung des von Gasvolumenzählern erfaßten Volumenwerts auf den ↑*Normzustand* dient. Der Zustand eines Gases wird von seinem

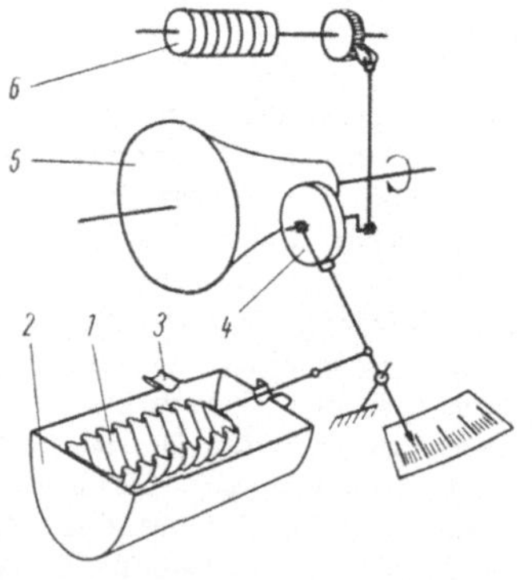

Druck und seiner Temperatur beeinflußt. In der im Bild dargestellten mechanisch-analog arbeitenden Ausführung eines M. bewirken beide Größen eine Auslenkung des Wellrohrs *1,* das im Gehäuse *2* mit dem bei *3* einströmenden

Gas in Berührung kommt. Damit verschiebt sich das Reibrad *4* auf der Korrekturwalze *5*, deren Drehung dem unkorrigierten Volumenwert entspricht. Die Drehung des Reibrads ist dann dem auf den Normzustand bezogenen Volumenwert proportional und wird über einen Kurbeltrieb und eine Stoßklinke auf das Rollenzählwerk übertragen.

Mengenvoreinstellung

Mechanisch, elektrisch oder pneumatisch arbeitende Zusatzeinrichtung für Volumenzähler, die es gestattet, für Dosierungen und zur Auslösung von Steuervorgängen eine bestimmte Volumenmenge von Hand oder durch Fernübertragung voreinzustellen. Die Einrichtung beginnt auf ein Befehlssignal hin mit der Summation der durchfließenden Menge und löst nach Erreichen des voreingestellten Wertes selbst ein Befehlssignal aus. Üblich sind M., die eine beliebig häufige Wiederholung des Vorwahlvorgangs gestatten. RA 32.

Mengenzähler

↑ *Zähler* zur Messung des Volumens oder der Masse von strömenden Gasen und Flüssigkeiten. ↑ *Volumenzähler*. RA 32.

Meßanfang (Meßanfangswert)

Untere Grenze des ↑ *Meßbereichs* (auch *Meßbereichsanfang*, *untere Meßgrenze*). VDI/VDE 2183.

Meßbereich

Der M. eines Meßgeräts oder ↑ *Meßumformers* ist der Teil des Änderungsbereichs der Meßgröße, für den der Grund- ↑ *Fehler* innerhalb der festgelegten Grund- ↑ *Fehlergrenzen* bleibt. Der *Meßbereichsumfang* kann sowohl den gesamten Änderungsbereich der Meßgröße als auch nur einen Teil davon umfassen.

Er wird als Differenz zwischen oberer und unterer Grenze des Meßbereichs angegeben. Meßumformer mit mehreren M. können für jeden Bereich einen eigenen Grundfehler haben.

Meßbrücke

↑ *Brückenschaltung*.

Meßende (Meßendwert)

Obere Grenze des ↑ *Meßbereichs* (auch *Meßbereichsende*, *obere Meßgrenze*). VDI/VDE 2183.

Meßeinsatz

Standardisierte Aufnahmehülse für das ↑ *Thermopaar* von ↑ *Thermoelementen* bzw. für den ↑ *Meßwiderstand* von ↑ *Widerstandsthermometern* (s. Bild a). Grundsätzlich kann der M. in Verbindung mit einem ↑ *Anschlußkopf* (s. Bild b) und dem temperaturempfindlichen Element

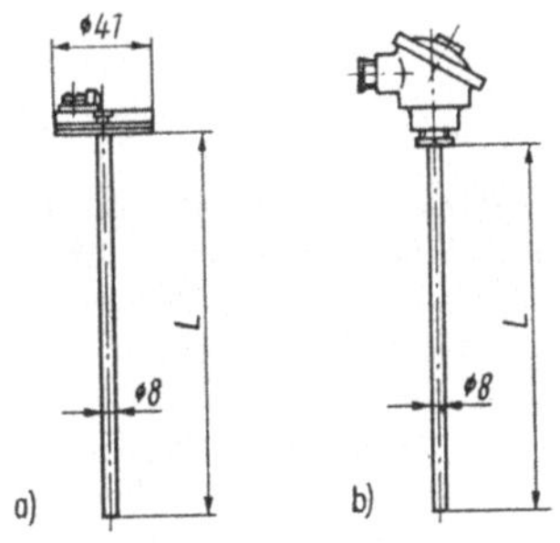

bereits als selbständiger Meßfühler verwendet werden. In den meisten Fällen ist es jedoch erforderlich, den M. zum Schutz vor mechanischen Beschädigungen, chemischen Einflüssen oder vor Druckbeanspruchungen in ein besonderes ↑ *Schutzrohr* einzubauen. Je nach dessen Ausführung befindet sich der Anschlußkopf dann am M. selbst oder am Schutzrohr. RA 27; DIN 43762, TGL 0-43 762.

Meßeinrichtung

Eine im Normalfall aus mehreren
↑ *Wandlern* bestehende komplette Einrichtung zur Messung physikalischer
Größen, an deren Ausgang bereits das
Signal für die ↑ *Informationsverarbeitung*
abgreifbar ist bzw. bei anzeigenden oder
registrierenden Meßgeräten der Meßwert
ablesbar ist. Am Ausgang der M. ist
daher der Vorgang der ↑ *Informationsgewinnung* abgeschlossen. Die zu einer
M. gehörenden Wandler können kon-
struktiv zu einem Gerät zusammengefaßt sein oder auch aus mehreren selb-
ständigen Bausteinen bestehen.

Meßergebnis

Das Ziel jeder Messung ist die Ermittlung eines M. Im einfachsten Fall ist
bereits der ↑ *Meßwert*, der sich aus der
abgelesenen Anzeige eines Meßgeräts ergibt, das M. Wenn dieses jedoch aus
mehreren Meßwerten der gleichen oder
anderer Größenarten errechnet wird,
muß das M. vom Meßwert unterschieden
werden.

Meßfühler

Im ↑ *Signalflußweg* einer Meßeinrichtung
ist der M. der erste ↑ *Wandler*. Er überträgt den ↑ *Werteverlauf* der Meßgröße
auf den Werteverlauf einer für die Weiterverarbeitung des Signals günstigeren
Größe, die das ↑ *natürliche Abbildungssignal* trägt und deren Änderungsbereich
in den meisten Fällen den speziellen Bedingungen des Meßfühlers angepaßt werden muß.

Beispiele: Thermoelement, Meßwiderstand eines Widerstandsthermometers,
↑ *Differentialtransformator*.

Meßgegenstand

Ein meist bereits formgebend bearbei-
teter fester Körper oder ein fertiges in-
dustrielles Erzeugnis, das Gegenstand
einer meßtechnischen Untersuchung ist.

In der BMSR-Technik nur auf Teil- und
Endprodukte von automatisierten Fer-
tigungsstraßen des Maschinenbaus angewendet. ↑ *Meßmedium*.

Meßgenauigkeit

↑ *Genauigkeit*.

Meßglied

Der Wirkungsweg einer Regelung oder
Steuerung kann je nach dem Anlaß der
Analyse gerätetechnisch oder funktionell
betrachtet werden. Bei der funktionellen
Betrachtung wird er in *Glieder* aufge-
teilt, die unabhängig von der geräte-
mäßigen Zuordnung ausschließlich nach
ihrem dynamischen Verhalten (z. B. P-
Glied, I-Glied, Totzeitglied), ihrem statischen Verhalten (z. B. nichtlineares
Glied) oder ihrer Aufgabe im Wirkungsweg der Steuer- oder Regeleinrichtung
(z. B. Meßglied, Rechenglied, Stellglied)
geordnet sind.

Meßgröße

Die M. ist die ↑ *physikalische Größe*, deren
Zahlenwerte durch den Meßvorgang in
einer bestimmten ↑ *Maßeinheit* ermittelt
werden sollen. Innerhalb eines Regelkreises ist sie meist mit der ↑ *Regelgröße*
identisch.

Meßkammer

Innenraum des ↑ *Meßfühlers* eines Druck-
oder Differenzdruckmeßumformers im
drucklosen Zustand.

Meßkammerfüllstoff

Ist ein Meßmedium auf Grund seiner
Temperatur, seiner Aggressivität, seiner
Viskosität oder anderer Eigenschaften
nicht geeignet, den Druck oder Differenzdruck vom Meßort in die Meßkammer eines p- oder Δp-Meßumformers zu
übertragen, so wird diese mit einem

Füllstoff gefüllt, dessen Zusammensetzung und Aggregatzustand in der Betriebsanleitung anzugeben ist *(volumetrische Meßwertübertragung)*.

Meßkammervolumen

Rauminhalt der ↑ *Meßkammer* eines Druck- oder Differenzdruckmeßumformers im drucklosen Zustand. Die Meßkammervolumina der Plus- und der Minusseite eines Meßumformers sind in der Betriebsanleitung anzugeben.

Meßmedium

Die (vorwiegend flüssige, breiige, staubförmige, körnige oder gasförmige) Substanz, deren Eigenschaften durch eine Meßeinrichtung bestimmt werden sollen. Für bereits formgebend bearbeitete Erzeugnisse werden anstelle des Begriffs M. die Begriffe *Meßgegenstand, Meßobjekt* oder *Prüfling* angewendet. Für einmalige Messungen (z. B. für Analysenmessungen im Labor) sind auch die Begriffe *Prüfgut* oder *Probe* üblich.

Meßsignal

Die Änderungen der ↑ *Meßgröße* werden als M. bezeichnet. Im Vergleich mit der allgemeinen Definition des ↑ *Signals* wird beim M. der Signalträger stets durch die Meßgröße selbst und der Informationsparameter durch deren Amplitude dargestellt.

Meßspanne

Nach VDI/VDE 2183 der Meßbereichsumfang (DIN 1319, TGL 0-1319), d. h. der Bereich der Eingangsgröße, in dem der Grundfehler innerhalb der festgelegten Grundfehlergrenzen bleibt und sich gleichzeitig die Ausgangsgröße innerhalb der vorgeschriebenen Grenzen bewegt.

Meßstellenumschalter

Bei der ↑ *thermoelektrischen Temperaturmessung* und der Temperaturmessung mit ↑ *Widerstandsthermometern* verwendeter Umschalter, mit dem je nach Ausführung bis zu 25 Meßfühler wahlweise mit demselben ↑ *Sekundärgerät* und denselben Zusatzeinrichtungen (z. B. Vergleichs-↑ *Thermopaar*, Konstantspannungsquelle für Widerstandsthermometer) verbunden werden können. M. werden in die Schalttafeln oder Bedienungspulte von ↑ *Meßwarten* eingebaut. Sie werden sowohl für die Handbetätigung als auch für die Steuerung durch Befehlssignale oder für selbsttätigen Betrieb geliefert.

Meßstoff

Teilweise üblicher Begriff für ↑ *Meßmedium*, d. h. für den Stoff, dessen Eigenschaften durch eine Meßeinrichtung bestimmt werden sollen.

Meßstrecke

↑ *Meßfühler* für die Messung des ↑ *Volumenstroms* nach dem ↑ *Wirkdruckverfahren*, der eine konstruktive Einheit aus ↑ *Blende*, Einlaufstrecke (10- bis 40-fache ↑ *Nennweite*), Auslaufstrecke (etwa 5fache Nennweite) und Blendenhalterung bildet. M. werden in die Rohrleitung eingeschweißt. Sie werden mit auswechselbarer (s. Bild a) und nichtaus-

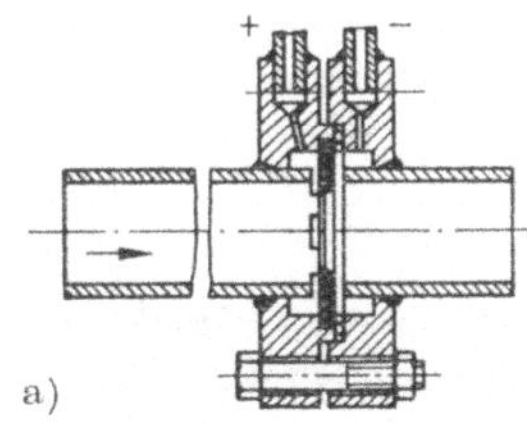

a)

wechselbarer Blende (s. Bild b) hergestellt. Der an der Blende abgegriffene Differenzdruck (Wirkdruck) wird im Rahmen einer kompletten Meßeinrichtung von weiteren Wandlern in ein für

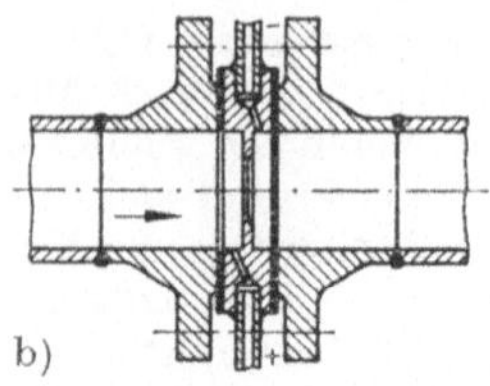

b)

die Durchflußanzeige oder für den informationsverarbeitenden Teil einer BMSR-Einrichtung geeignetes Signal umgeformt. ↑*Schwimmermengenmesser*. ↑*Ringwaage*.

Meßtafel

Teil einer in ↑*Meßwarten* und *Leitständen* befindlichen Wandfläche zur Aufnahme von Betriebsmeßgeräten sowie von Steuer- und Regeleinrichtungen. Die M. nehmen meist die ganze Höhe des Raumes der Warte ein. Zur Veranschaulichung des technologischen Prozesses wird dieser in sinnvoller Kombination mit den in den Tafeldurchbrüchen montierten BMSR-Geräten auf den M. durch *Fließbilder* dargestellt.

Meßumformer

M. sind analog arbeitende ↑*Wandler*, die in Meßeinrichtungen oder als selbständige Meßeinrichtung ein analoges Eingangssignal in ein analoges Ausgangssignal übertragen, das sich vom Eingangssignal nach ↑*Dimension* oder ↑*Informationsparameter* unterscheidet. ↑*Verstärker*. TGL 14591, DIN 19226.

Meßumsetzer

M. sind digital arbeitende ↑*Wandler*, die in Meßeinrichtungen oder als selbständige Meßeinrichtung ein Eingangssignal in ein Ausgangssignal übertragen, das sich vom Eingangssignal nach dem ↑*Wertevorrat* und der Art des Informationsparameters unterscheidet. Zu den M. gehören die Analog-Digital-Wandler (A/D-Umsetzer), die Digital-Digital-

Wandler (D/D-Umsetzer) und Digital-Analog-Wandler (D/A-Umsetzer), soweit sie im Rahmen von Meßeinrichtungen eingesetzt werden. RA 46; TGL 14591, DIN 19226.

Meßunsicherheit

Der Begriff M. bezieht sich auf die Darstellung des Ergebnisses einer Reihe von unabhängigen Ermittlungen des gleichen Wertes der Meßgröße. In der BMSR-Technik hat die M. bei der ↑*Eichung* und ↑*Prüfung* von Meßeinrichtungen Bedeutung. Das Meßergebnis y eines Prüf- oder Eichvorgangs setzt sich gemäß $y = (x \pm u)$ aus dem *arithmetischen Mittelwert* x und der Meßunsicherheit u zusammen, in die ihrerseits die ↑*Standardabweichung* s bzw. gemäß

$$u = \frac{s}{\sqrt{n}} + f)\ \text{der}\ \uparrow Vertrauensbereich$$

$$\pm \frac{t}{\sqrt{n}}\,s\ \text{eingeht (DIN 1319, TGL}$$

$$0\text{-}1319).\qquad u = \left(\frac{t}{\sqrt{n}}\,s + f\right);$$

f abgeschätzter Betrag der nicht erfaßten systematischen Fehler,

t Faktor, der sich entsprechend der statistischen Sicherheit aus der Gaußschen Fehlerverteilung ergibt,

n Anzahl der unabhängigen Messungen.

Meßverstärker

↑*Verstärker* für den Einsatz in Meßeinrichtungen (insbesondere für solche, die nach dem ↑*Ausschlagverfahren* arbeiten). Für M. werden besonders niedrige *Grund-* und *Zusatz-*↑*Fehler* gefordert. Zur Gewährleistung einer geringen ↑*Drift* und hoher Konstanz des ↑*Verstärkungsfaktors* werden für elektrische M. Gegenkopplungsschaltungen sowie spezielle

Rückführungen zur Driftkompensation verwendet. Anwendungsbeispiel: Verstärker für pH-Messungen.

Meßwandler

1. In der BMSR-Technik Oberbegriff für alle Wandler, die in Meßeinrichtungen oder als selbständige Meßeinrichtung eingesetzt werden. Zu den M. gehören die analog arbeitenden *Meßumformer* einschließlich der ↑*Meßverstärker* sowie die digital arbeitenden *Meßumsetzer*. Der Begriff M. ist, obwohl nach TGL 14591 und DIN 19226 zulässig, zugunsten der Begriffe Wandler, Meßumformer und Meßumsetzer zu vermeiden.

2. In der Starkstromtechnik Oberbegriff für speziell ausgelegte Transformatoren, die als ↑*Strom*- oder ↑*Spannungswandler* zur Erweiterung des Meßbereichs von Strom- und Spannungsmeßgeräten dienen. Die M. der Starkstromtechnik sind auch im Sinn der BMSR-Technik echte Wandler.

Meßwarte

Räumliche Zusammenfassung aller für die meßtechnische Überwachung, die Regelung und Steuerung eines Prozesses sowie eines Betriebs oder eines Betriebsteils notwendigen BMSR-Geräte. M. sind entweder im gleichen Gebäudeteil wie die zu überwachende Anlage als fensterlose ↑*Blindwarten* untergebracht, oder sie befinden sich in speziellen Gebäuden. In Großanlagen setzen sich ↑*Freisichtwarten* durch, die dem Bedienungspersonal die Bedienung und Beobachtung der Anlage gestatten. Die in der M. befindlichen Betriebsmeßgeräte werden entweder in die wandartig die ganze Raumhöhe einnehmenden ↑*Meßtafeln* oder in schreibtischartige *Pulte* eingebaut. Je nach Umfang der zu überwachenden Anlage tragen die M. den Charakter von ↑*Einzelmeßwarten*, ↑*Komplexmeßwarten*, ↑*Zentralwarten*, ↑*Satellitenwarten* oder von einfachen ↑*Leitständen*.

Meßwehr

Anlage zur Messung des ↑*Volumenstroms* von Flüssigkeiten in offenen Gerinnen. Die Anlage besteht aus einem Kanal mit rechteckigem Querschnitt, der von einem *Plattenwehr 1* abgeschlossen wird.

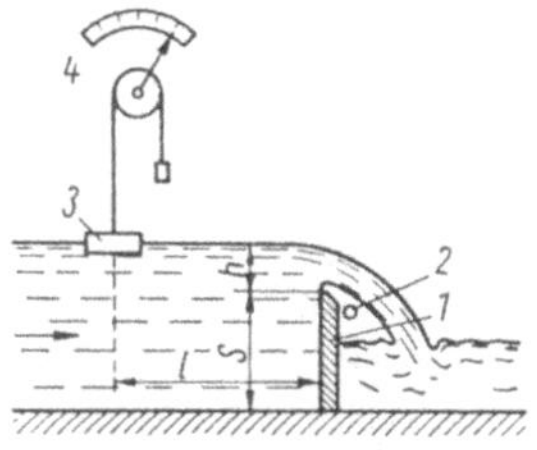

Entsprechend dem Volumenstrom bildet sich eine Stauhöhe h aus, die im Abstand $l \geq 3\,h$ von einer Pegelmeßeinrichtung zur Berechnung des Volumenstroms bestimmt werden kann. Durch eine Belüftungseinrichtung *2* (s. Bild) wird ein einwandfreies Strömungsprofil beim Wehrüberlauf gewährleistet. RA 32.

Meßwerk

Mechanische oder elektromechanische Baugruppe, die entweder die Funktion eines ↑*Meßfühlers* hat oder Bestandteil eines solchen ist. Im Sinn der BMSR-Technik ist der Begriff nur in Wortverbindungen wie Drehspul-M., Kreuzspul-M., Drehmagnet-M., Feder-M. usw. zu verwenden. Der selbständige Begriff M. ist durch ↑*Meßumsetzer*, ↑*Meßwandler*, ↑*Meßumformer* oder ↑*Meßfühler* zu ersetzen.

Meßwerkregler

Regler, der als charakteristische Baugruppe ein mechanisches (z. B. Manometer-) Meßwerk oder ein elektromechanisches (z. B. Drehspul- oder Kreuzspul-) Meßwerk enthält, das einen sich über einer Skale bewegenden Zeiger antreibt. Dieser Zeiger gibt den *Istwert* der Regelung an. Der Regler selbst kann je nach

Ausführung als Zwei-, Drei-, Vier- oder Fünfpunktglied eingesetzt werden. Der Charakter des Gliedes wird durch Einstellung entsprechender Schaltpunkte bestimmt. Die Betätigungsweise dieser Schaltkontakte ist unterschiedlich. Bei genügend großem Drehmoment (z. B. bei Manometermeßwerken) wird ein mechanischer Kontakt über ein Gestänge direkt vom Zeiger betätigt. Bei geringeren Drehmomenten wird er durch fotoelektrische Zeigerabtastung, durch einen vom Zeiger gesteuerten ↑*Aussetzgenerator* oder durch eine mechanische Zeigerabtastung *(Fallbügelregler)* betätigt.

Meßwert

Der M. ist der aus der abgelesenen Anzeige eines Meßgeräts ermittelte Wert. Er wird als Produkt aus ↑*Zahlenwert* und ↑*Einheit* der Meßgröße (z. B. 6 kp/cm²; 12 °C) angegeben. Der M. stellt das ↑*Meßergebnis* dar, wenn dieses nicht aus mehreren Meßwerten der gleichen oder auch verschiedener Meßgrößen ermittelt werden muß.

Meßwertgeber

Nicht einheitlich verwendeter Begriff, meist im Sinn der durch TGL 14591 und DIN 19226 festgelegten Begriffe ↑*Meßfühler*, ↑*Meßwandler* oder ↑*Meßeinrichtung* benutzt.

Meßwertverarbeitungsanlage

Einrichtung zur Erfassung und zur rechnerischen Weiterverarbeitung von Informationen über einen chemischen, einen physikalischen oder einen Produktionsprozeß. Die Informationen werden von einer großen Zahl von Meßeinrichtungen als ↑*Signale* abgegeben und je nach Arbeitsprinzip der M. zyklisch abgefragt oder kontinuierlich verarbeitet.
Die M. verarbeiten die Informationen in Rechenprozessen, wie Mittelwertbildung,

Summation, Differenzbildung, Integration oder Differentiation. Sie werden eingesetzt zur Bilanzbildung, Ermittlung von Prozeßparametern (z. B. Ausbeutequotient und Wirkungsgrad), zur Ermittlung von Regel- und Steuersignalen für die direkte Prozeßbeeinflussung sowie zur Protokollführung (z. B. Schiffstagebuch). RA 46.

Meßwiderstand

Temperaturempfindlicher Teil eines ↑*Widerstandsthermometers*. Der M. besteht aus einem Widerstandsdraht (meist Platin), der auf einen Trägerkörper aus Quarz, Hartglas, Keramik oder einem ähnlichen Werkstoff gewickelt ist. Durch

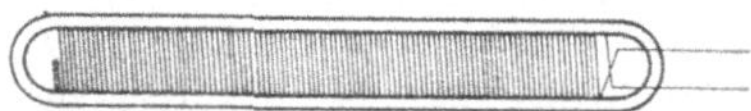

Standards ist für die Temperatur 0 °C ein Widerstandswert von 100 Ω festgelegt. Darüber hinaus ist der Verlauf der statischen Kennlinie $R = f(\vartheta)$ durch *Grundwertreihen* (DIN 43760, TGL 0-43760) vorgeschrieben. M. können zur Messung von Temperaturen zwischen —200 °C und +550 °C (in Sonderausführungen auch bis +1000 °C) verwendet werden. RA 27.

Metallausdehnungsthermometer

Temperaturmeßeinrichtung, die auf der unterschiedlichen Längendehnung zweier dem Meßmedium ausgesetzter Metallstäbe beruht. Die sich dabei einstellende Längendifferenz wird auf ein direkt über dem Meßfühler befindliches Meßwerk übertragen. Vorteile: große Stellkräfte, kleine Zeitkonstante. Erfaßbarer Meßbereich: max 1000 °C. RA 27.

Metrisches Maßsystem

Im Jahr 1797 in Frankreich gesetzlich eingeführtes Maßsystem, das auf der Zurückführung der Einheiten der Länge des Gewichtes (später als Masse definiert) und der Zeit auf naturgegebene Größen beruhte (1 m = 10^7ter Teil des Erdquadranten; 1 g Gewicht = 1 cm³ Wasser von 4 °C; 1 s = 86400. Teil eines mittleren Sonnentags). Für das Meter und das Kilogramm wurden Urmaße aus Platin—Iridium angefertigt. Gleichzeitig wurde für die Vielfachen und die Teile des Meters und des Gramms ausschließlich eine dekadische Gliederung vorgeschrieben. Deutschland schloß sich diesem System im Jahr 1875 an. Die angelsächsischen Länder haben zwar die Beziehungen ihrer Einheiten zu den metrischen Normalien gesetzlich festgelegt, aber bis heute weder die Einheiten selbst noch die dekadische Gliederung übernommen.

Mikroskopische Geräusche

↑*Rauschen.*

Mittelwert

M. haben in der BMSR-Technik u. a. für die Erfassung der *systematischen* ↑*Fehler* beim ↑*Eichen* und ↑*Prüfen* von Meßeinrichtungen sowie bei der Analyse periodischer Vorgänge (Effektivwert des Wechselstroms, Berechnung von Gleichrichterschaltungen) Bedeutung. Es wird unterschieden:

1. *Arithmetischer M. (Durchschnitt)*

$$x = \frac{1}{n} \sum_{i=1}^{n} x_i$$

Für periodische Vorgänge:

$$x = \frac{1}{T} \int_{t_0}^{t_0+T} f(t)\, dt .$$

2. *Quadratischer M. (Effektivwert)*

$$x = \sqrt{\frac{1}{T} \int_{t_0}^{t_0+T} f^2(t)\, dt} ;$$

n Zahl der Einzelwerte x,

x_i Einzelwerte,

$f(t)$ periodische Funktion,

T Periodendauer.

3. *Geometrischer M.*

$$x = \sqrt[n]{x_1 x_2 \ldots x_n}$$

4. *Harmonischer M.*

$$\frac{1}{x} = \frac{1}{n} \sum_{i=1}^{n} \frac{1}{x_i}$$

MKSA-System

Das M. ist ein System von Maßeinheiten, das auf *Giorgi* zurückgeht und die Grundlage des *Internationalen Einheitensystems* und damit auch der ↑*Tafel der gesetzlichen Einheiten* bildet. Gegenüber dem M. wurde das Internationale Einheitensystem um je eine Grundeinheit für die Fotometrie und die Thermodynamik erweitert. Für die Mechanik und die Elektrik enthält es die ↑*Grundeinheiten* Meter, Kilogramm, Sekunde und Ampere und wird daher auch MKSA-System genannt. Die Stromstärke wird im M. über die Energie durch eine ↑*Einheitengleichung* mit der mechanischen Energie verknüpft:

$$1\,\mathrm{J} = 1\,\mathrm{Ws} = 1\,\mathrm{VAs} = 1\,\mathrm{Nm}$$

$$= 1\,\frac{\mathrm{kg\,m^2}}{\mathrm{s}} .$$

Durch diese Verknüpfung lassen sich elektrische und mechanische Einheiten zu einem kohärenten System zusammenstellen.

N

Natürliche Abbildungsgröße

↑*Abbildungsgröße.*

Neigungswaage

Waage, bei der die Masse nur mit Hilfe einer Neigungsrichtung des fest angeordneten Vergleichsmassestücks bestimmt wird.

Nenndruck (ND)

N. sind die nach einer ↑*Normzahlreihe* gestuften Zahlenwerte des zulässigen statischen Druckes, mit dem eine Anlage und deren Bestandteile (Rohre, Behälter, Armaturen, Meß- und Stelleinrichtungen) beaufschlagt werden darf. Die Zahlenwerte beziehen sich auf die Maßeinheit kp/cm^2 (z. B. ND 16). Die N. sind in TGL 18302 und DIN 2401 standardisiert.

Nennweite (NW)

N. sind die nach einer ↑*Normzahlreihe* gestuften Zahlenwerte der Innendurchmesser von Rohrleitungen, Armaturen sowie von Meß- und Stelleinrichtungen, die in Rohrleitungen eingebaut werden. Die Zahlenwerte beziehen sich auf die Maßeinheit mm (z. B. NW 250). Verbindungsteile und Rohrleitungszubehör, wie Flansche, Rohrverschraubungen und Formstücke, werden ebenfalls nach der NW des zugehörigen Rohres gekennzeichnet. Die N. sind in DIN 2402 und TGL 0-2402 standardisiert.

Neper

Maßeinheit für das Verhältnis zweier Spannungen (Kurzzeichen N), definiert durch den natürlichen Logarithmus des Spannungsverhältnisses:

$$a_{/N} = \ln \frac{U_1}{U_2}.$$

Anwendung hauptsächlich in der ↑*Leitungstheorie*. In der BMSR-Technik werden hauptsächlich die Maßeinheiten ↑*Bel* (B) und ↑*Dezibel* (dB) verwendet. Umrechnung:

$$\begin{aligned}
1\,N &= 8{,}69\,dB, \\
1\,dB &= 0{,}115\,N, \\
1\,dB &= 0{,}1\,B.
\end{aligned}$$

Normale

Normale sind Meßgeräte, die zum Prüfen anderer Meßgeräte bestimmt sind. Sie dürfen nicht gleichzeitig als ↑*Betriebsmeßgeräte* verwendet werden.

Normblende

Nach DIN 1952 und TGL 0-1952 standardisierter Meßfühler für die Messung des ↑*Volumenstroms* nach dem *Wirkdruckverfahren*. ↑*Blende*.

Normdüse

Nach DIN 1952 und TGL 0-1952 standardisierter Meßfühler für die Messung des ↑*Volumenstroms* nach dem ↑*Wirkdruckverfahren*. ↑*Düse*.

Normierung

1. Umformung einer ↑*physikalischen Größe* mittels Division durch einen Bezugswert (z. B. Meßbereichsendwert, Sollwert, Maximum, Minimum). Insbesondere für die Teilung der Achsen von Diagrammen angewendet, um den Verlauf von Funktionen, die unter unterschiedlichen Bedingungen ermittelt wurden, miteinander vergleichen zu können.
2. Umformung einer algebraischen oder einer Differentialgleichung mittels Division der Gleichung durch den Koeffizienten der höchsten Potenz bzw. der höchsten Ableitung.

Normventuridüse

Nach DIN 1952 und TGL 0-1952 standardisierter Meßfühler für die Messung des ↑*Volumenstroms* nach dem ↑*Wirkdruckverfahren*. ↑*Venturidüse*.

Normzahlreihen

Geometrische Reihen, die so aufgebaut sind, daß eine Dekade 5-, 10-, 20-, 40- oder 80fach unterteilt wird. Dementsprechend errechnet sich der Stufensprung a einer n-fach unterteilten Dekade aus $a = \sqrt[n]{10}$. Die daraus errechneten *Genauwerte* der Reihe werden für praktische Anwendungsfälle zu *Hauptwerten* und zu *Rundwerten* gerundet. Beispiel siehe: ↑*Vorzugszahlen*.

Normzustand

Entsprechend den Gesetzen von *Gay — Lussac* und *Boyle — Mariotte* sind das von einem Gas eingenommene Volumen V, seine absolute Temperatur T und sein Druck p voneinander abhängig:

$$pV = RT.$$

Daher sind Volumenangaben bei Gasen nur vergleichbar, wenn sie sich auf gleiche Druck- und Temperaturwerte beziehen oder gemäß

$$\frac{pV}{T} = \frac{P_0 V_0}{T_0}$$

auf den Normzustand V_0 mit der Normtemperatur $T_0 = 273$ °K (0 °C) und den Normaldruck $p_0 = 760$ Torr umgerechnet werden.

Nullindikator

Empfindliche Meßeinrichtung zur Anzeige oder Wandlung der Diagonalspannung von ↑*Brückenschaltungen* oder des Ausgleichstroms in ↑*Kompensationsschaltungen* (↑*Lindeck-Rothe-Kompensator*, ↑*Poggendorf-Kompensator*, ↑*Saugschaltung*). Als N. werden in elektrischen Kompensatoren hauptsächlich ↑*Galvanometer* verwendet, die durch ihre Spulen je nach Ausführung Abdeckfahnen für ↑*Aussetzgeneratoren*, Spiegel für die Ausleuchtung von lichtempfindlichen Bauelementen, ↑*Differentialtransformatoren*

sowie Abdeckfahnen für ↑*Bolometerverstärker* betätigen. Weitere N.

in elektrischen Netzwerken: Nullspannungsverstärker;

in ↑*Kraft-* und ↑*Drehmomentkompensatoren*: Differentialtransformatoren und für pneumatische Ausgangsgröße Düse-Prallplatte-Anordnungen.

Nullpunktunterdrückung

Bei der Messung kleiner Änderungen hoher Absolutwerte einer Meßgröße wird bei ↑*anzeigenden Meßgeräten* der Nullpunkt derart unterdrückt, daß der Skalenanfangswert in die Nähe des Änderungsbereichs des ↑*Meßsignals* gelegt wird. Bei Drehspulinstrumenten wird die N. z. B. durch Vorspannung der Rückstellfeder des Meßwerks realisiert. Wird innerhalb des Geräts das Meßsignal entweder auf eine Spannung oder auf einen Strom abgebildet, so kann die N. auch durch Gegenschaltung einer entsprechenden Konstantspannung oder eines Konstantstroms zum Abbildungssignal erzeugt werden.

In Meßeinrichtungen, die der Informationsgewinnung für Regel- oder Steuereinrichtungen dienen, ist es häufig üblich, nur den Änderungsbereich der Meßgröße auf den standardisierten Änderungsbereich des Ausgangssignals der Meßeinrichtung abzubilden. Dieser Abbildungsprozeß stellt ebenfalls eine N. dar.

Nullverfahren

Arbeitsprinzip zur Messung physikalischer Größen, bei dem die Meßgröße oder die Ausgangsgröße eines Meßwandlers mit einer während des Meßvorgangs auf den gleichen Wert eingestellten Vergleichsgröße verglichen wird.

Anwendung: alle ↑*Kompensationsverfahren*, ↑*Brückenschaltungen*, Meßeinrichtungen mit ↑*Wegvergleich*, Analysenmeßeinrichtungen (z. B. Trübungsmesser).

O

Oberwellengehalt

Maß für die Abweichung der Kurvenform einer vorgegebenen periodischen Funktion von der idealen Sinusform bzw. als *Klirrfaktor* Maß für die beim Durchlauf eines Signals durch nichtlineares Glied auftretenden Verzerrungen.

Für den O. sind zwei Definitionen üblich:

1.

$$K = \frac{\text{Effektivwert aller Oberschwingungen}}{\text{Gesamteffektivwert}}$$

$$= \sqrt{\frac{A_2\omega^2 + A_3\omega^2 + A_4\omega^2 + \ldots + A_n\omega^2}{A\omega^2 + A_2\omega^2 + A_3\omega^2 + \ldots + A_n\omega^2}},$$

2.

$$K = \frac{\text{Effektivwert aller Oberschwingungen}}{\text{Effektivwert der Grundschwingung}}$$

$$= \sqrt{\frac{A_2\omega^2 + A_3\omega^2 + A_4\omega^2 + \ldots + A_n\omega^2}{A\omega^2}}.$$

Ovalradzähler

Flüssigkeitsvolumenzähler, bei denen aus der zu messenden Flüssigkeit durch zwei ovale Wälzkolben aus der strömenden Flüssigkeit ständig gleiche Mengen abgeteilt werden und dem Ausgang des Zählers zugeführt werden ↑ *Wälzkolbenzähler*. RA 32.

P

Paramagnetische Sauerstoffmessung

Verfahren zur Bestimmung des Sauerstoffanteils in Gasgemischen. Bei der P.

wird das paramagnetische Verhalten des Sauerstoffs ausgenutzt. Das Gasgemisch wird durch ein Ringrohr (s. Bild) geleitet, dessen Quersteg einem Magnetfeld ausgesetzt ist. Entsprechend dem Sauerstoffanteil durchfließt ein Teil des Gasgemisches den Quersteg und kühlt dort einen vorgeheizten Platindraht ab. In einer ↑ *Brückenschaltung* werden die

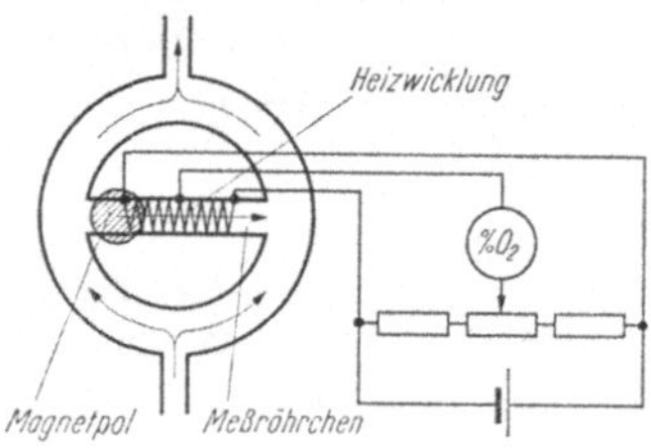

dadurch auf den Widerstand des Platindrahts abgebildeten Konzentrationsänderungen in ein für die Anzeige oder für den informationsverarbeitenden Teil einer Regel- oder Steuereinrichtung geeignetes Signal umgewandelt. RA 22.

Passives Element

Elektrisches Schaltelement, das keine Energiequelle enthält. Passive Elemente sind Widerstände, Kondensatoren und Induktivitäten.

Passiver Zweipol

Elektrisches Netzwerk, das aus beliebig vielen ↑ *passiven Elementen* bestehen kann und dessen Ersatzschaltbild sich daher im allgemeinen Fall durch einen Widerstand, eine Kapazität und eine Induktivität darstellen läßt.

Perlverfahren

Verfahren zur Messung des Füllstands in flüssigkeitsgefüllten Behältern. Beim Einblasen von Luft in den Behälter (s. Bild) stellt sich in der Speiseleitung ein dem hydrostatischen Druck und damit dem Füllstand entsprechender Luftdruck ein, der von pneumatischen Anzeigegeräten angezeigt oder über pneumatische Wandler an den informationsverarbeitenden Teil einer Regel- oder Steuereinrichtung übertragen werden kann. RA 31.

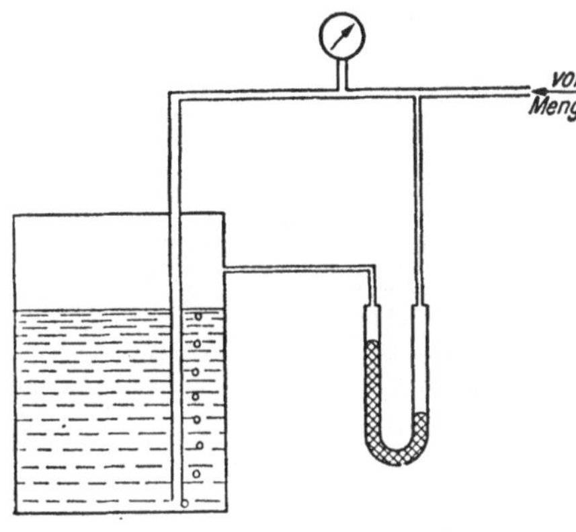

pH-Wert-Messung

Verfahren zur Analyse von Flüssigkeiten auf Grund der Wasserstoffionenkonzentration. Die Konzentration an Wasserstoffionen ist ein Maß für das saure (pH-Wert $<$ 7) oder das basische (pH-Wert

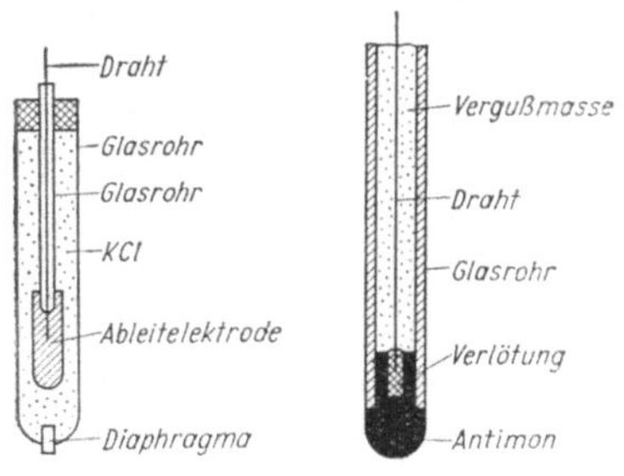

$>$ 7) Verhalten von Lösungen. Die Messung wird auf eine Bestimmung eines elektrischen Potentials zurückgeführt, das zwischen der eigentlichen Meßelektrode, z. B. Chinhydronelektrode, Anti-

monelektrode (s. Bild) oder Glaselektrode, und einer Bezugselektrode abgegriffen wird. Die Spannungsdifferenz wird über einen Verstärker mit hohem Eingangswiderstand in ein für die Anzeige oder für den informationsverarbeitenden Teil einer Regel- oder Steuereinrichtung geeignetes Signal umgeformt. RA 26.

Physikalische Größe

Unter Ph. werden meßbare Eigenschaften physikalischer Objekte, Vorgänge oder Zustände, wie Länge, Zeit, Temperatur, Druck, Spannung usw., verstanden. Die ↑*Meß*- und ↑*Regelgrößen* der BMSR-Technik sind Ph. Im Rahmen von Gleichungen werden die Ph. als Produkt aus ↑*Zahlenwert* und ↑*Maßeinheit* aufgefaßt. Dabei wird das Formelzeichen der Größe in allgemeiner Darstellung des Zahlenwerts in geschweifte und in allgemeiner Darstellung der Maßeinheit in eckige Klammern gesetzt. Für die Größe Kraft gilt daher:

$$F = \{F\}\,[F]$$

oder mit speziellem Zahlenwert und spezieller Maßeinheit z. B.

$$F = 5\ \text{kp}.$$

Poggendorf-Kompensator

Schaltung zur Messung der Spannung nach dem ↑*Kompensationsverfahren*. Der Spannung U_x (s. Bild) wird die am Potentiometer R abgegriffene Spannung aRI entgegengestellt und entweder über das ↑*Galvanometer* G oder den Verstärker V_1 verglichen. Die Schleiferstellung a ist gleich U_x, wenn die Indikatorspannung verschwindet. Abgleichbedingung:

$$U_x = aRI, \quad U_n = \text{const}.$$

Die Poggendorf-Schaltung stellt hohe Anforderungen an die Konstanz von U_n. Daher wird in selbstabgleichenden

P. die Eingangsspannung mit einer Hilfsspannung verglichen und diese durch Vergleich des Spannungsabfalls an R_1 mit einem Normalelement U_n nachgestellt. Vorteil: geringe Belastung des Normalelements. Zweiter Regelkreis

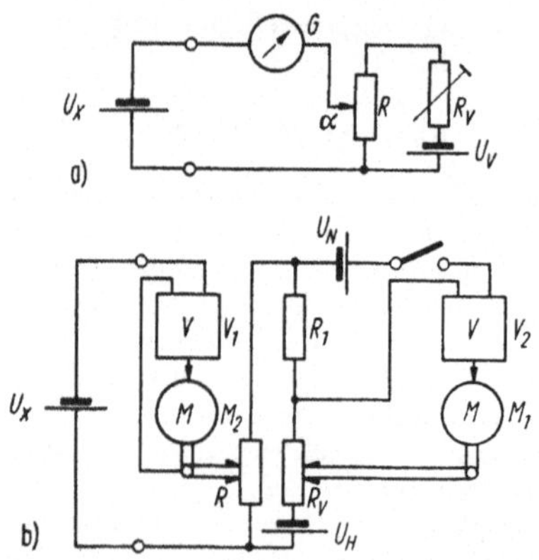

braucht nur zeitweise geschlossen zu werden. Motorkompensatoren haben wegen der integrierenden Wirkung des Motors meist I-Verhalten. P. werden in Kompensationsbandschreibern und in Meßwandlern verwendet. Heute überwiegend durch ↑Lindeck-Rothe-Kompensatoren ersetzt, die weniger hohe Anforderungen an die Konstanz der Vergleichsspannung stellen.

Prozentischer Fehler

Angabe des *relativen* und des *reduzierten (Grund-)* ↑*Fehlers* in Prozenten. ↑*Fehlerangabe.*

Prüfbedingungen

P. sind Festwerte für bestimmte Umwelteinflüsse, unter denen der statische Grund-↑*Fehler* ermittelt wird.

. *Normale P.*

Geräte, die für normale ↑*Betriebsbedingungen* bestimmt sind, werden

unter den folgenden *normalen P.* geprüft:

Umgebungstemperatur	20 °C,
Temperatur des Meßmediums	20 °C,
relative Luftfeuchte	55%,
atmosphärischer Luftdruck	760 Torr,
Spannung der elektrischen Hilfsenergie	Nennwert,
Frequenz der elektrischen Hilfsenergie	50 Hz,
Druck der pneumatischen Hilfsenergie	Nennwert,
magnetische Gleich- und Wechselfelder	liegen außer Erdfeld nicht vor,
mechanische Schwingungen und Stöße	liegen nicht vor,
Eigenschaft der umgebenden Atmosphäre	die umgebende Atmosphäre darf keine aggressiven Gase oder Dämpfe enthalten,
Anheizzeit	die Anheizzeit ist aus der Reihe $\leq$ 5, 15, 30, 60, 120 min zu entnehmen.

2. *Spezielle P.*

Für Geräte in Sonderausführung, insbesondere bei *speziellen Betriebsbedingungen*, können zwischen Hersteller und Anwender spezielle P.

vereinbart und der Ermittlung des statischen Grundfehlers zugrunde gelegt werden.

Prüfvorschriften

Vorschriften für die Prüfung von einzelnen Geräten oder von Gerätegruppen, in denen zum Zweck der Reproduzierbarkeit der Prüfergebnisse die Prüfmethoden, Prüfbedingungen und Prüfgeräte festgelegt werden. Für jedes BMSR-Gerät müssen P. vorliegen.

Pult

↑*Steuerpult.*

Punktdrucker

Für die Registrierung des Werteverlaufs mehrerer Meßstellen geeignete Abwandlung von ↑*Kompensationsschreibern.*

Punktschreiber

Registriergerät zur Aufzeichnung von elektrischen Abbildungssignalen und von Signalen mit vereinheitlichtem Änderungsbereich (↑*Einheitssignal*). Die P.

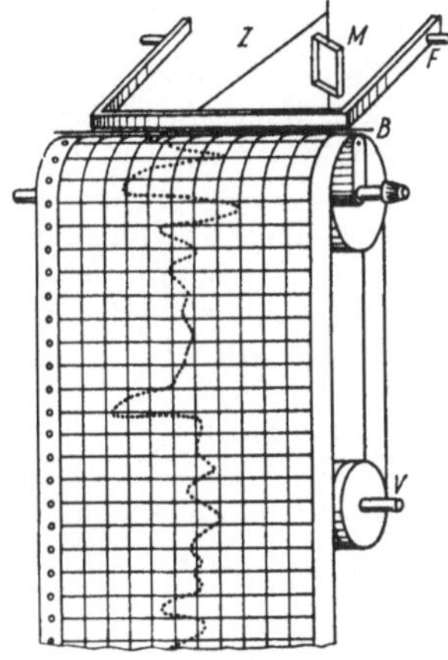

enthalten ein Dreh- oder Kreuzspulmeßwerk M (s. Bild), das einen Zeiger Z trägt, der zyklisch vom Fallbügel F auf ein Farbband gedrückt wird und damit

auf dem darunter ablaufenden Registrierpapier den Werteverlauf des Eingangssignals markiert. In Verbindung mit einer automatischen Meßstellenumschaltung und dazu synchronem Farbbandwechsel können bis zu sechs Meßstellen an einen P. angeschlossen werden (*Mehrfachpunktschreiber*). Die Meßwerke von P. haben einen geringen Eigenverbrauch, da nur ein geringes Drehmoment aufgebracht zu werden braucht. Einsatz z. B. für die Registrierung der Abbildungssignale von Meßfühlern für Temperatur, Durchfluß, Gasanalyse, pH-Wert. RA 27.

Pyrometer

Meßeinrichtung zur berührungslosen Temperaturmessung, die die vom Meßobjekt ausgehende Strahlung ganz oder teilweise zur Messung der Temperatur ausnutzt (↑*Gesamtstrahlungspyrometer,* ↑*Teilstrahlungspyrometer*). Die empfangene Strahlung wird durch ein Linsensystem einem Strahlungsempfänger zugeführt, der als Thermoelement, als ↑*Bolometer* oder als fotoelektrisches Bauelement (↑*fotoelektrisches Pyrometer*) ausgebildet ist. Diese Strahlungsempfänger stellen im Sinn der BMSR-Technik ↑*Wandler* dar oder sind Bestandteile von Wandlern, die die empfangene Strahlung auf ein Gleichspannungssignal abbilden.

Q

Quadratischer Mittelwert

↑*Mittelwert.*

Quelle

In der Elektrotechnik Darstellung eines Energie- oder Signalgenerators als aktiver Zweipol, der aus einem Strom- bzw. Spannungsgenerator und einem Innenwiderstand (Quellenwiderstand) R_i

besteht (s. Bild a). Bei den Gliedern von Signalketten wird auch der Ausgang von Wandlern als aktiver Zweipol mit Signalspannung U_s und Quellenwiderstand R_1 dargestellt (s. Bild b). Die rechnerische Anwendung der Zweipoltheorie auf die Wandler ist nur zulässig,

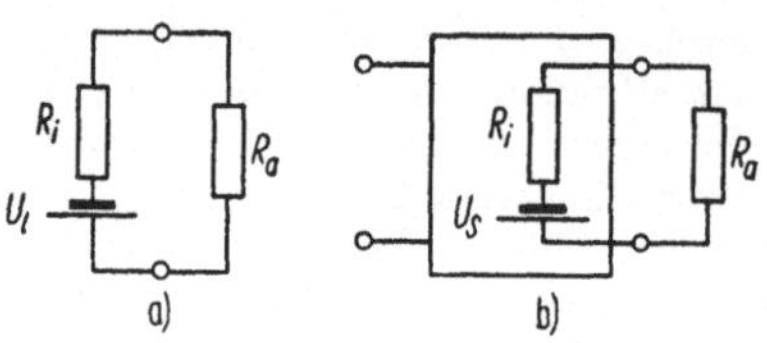

wenn deren Verhalten durch lineare Elemente dargestellt werden kann. In der BMSR-Technik wird der Begriff Q. außerdem auch auf die dort übliche pneumatische und hydraulische Signalverarbeitung und -wandlung ausgedehnt. In ↑*Analogie* zur Elektrotechnik werden passende Parameter, wie Druck, Speichervolumen, Strömungsgeschwindigkeit oder Strömungswiderstand, zur Symbolisierung der Q. herangezogen.

Quellenwiderstand

Zu einem resultierenden Widerstand *(Ersatz-*↑*Innenwiderstand)* zusammengefaßte Widerstandselemente eines als aktiver Zweipol dargestellten aktiven elektrischen Netzwerkes oder eines ↑*Wandler*-Ausgangs.

R

Radizierung

Bei der Messung des Durchflusses von Flüssigkeiten und Gasen nach dem ↑*Wirkdruckverfahren* gilt die aus der ↑*Bernoullischen Gleichung* abgeleitete Beziehung $Q = c\sqrt{\Delta p}$, wobei Δp der über einer Drosselstelle (s. Bild) abgegriffene Differenzdruck, c eine Gerätekonstante

74

und Q der Volumendurchsatz in der Zeiteinheit ist. Die Bestimmung der Meßgröße Q erfordert also eine Radizierung

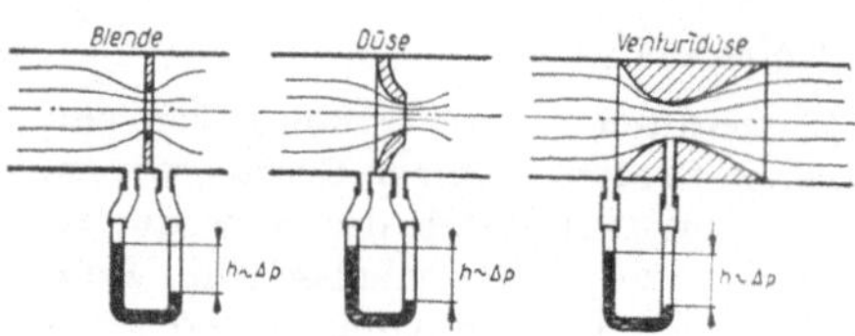

der Eingangsgröße Δp der Meßeinrichtung. Diese R. ist die in Betriebsmeßgeräten am häufigsten angewendete Rechenoperation. Sie wird meist analog durch Kurvenscheiben oder auch mit radizierenden kraftkompensierenden Wandlern durchgeführt. ↑*Kraftkompensation*.

Rauschabstand

Verhältnis der Signalleistung zur Rauschleistung oder Verhältnis des Quadrats der Signalspannung zum Quadrat der Rauschspannung. Der R. wird in ↑*Dezibel* (dB) angegeben.

Rauschen

Ursprünglich Auswirkung von Störungen eines breiten Frequenzbands auf die durch Rundfunkempfangseinrichtungen zu übertragenden Informationen. Diese Störungen ähneln bei der Wiedergabe durch Lautsprecher einem gleichmäßigen Rauschen. Der Begriff R. *(Geräusch)* wird heute ohne Einengung auf den hörbaren Bereich auf alle Glieder einer Informationskette (auch Meß- und Regeleinrichtungen) angewendet.

Das R. umfaßt als *weißes R.* das gesamte Frequenzspektrum, aus dem entsprechend dem Frequenzgang des Systems ein bestimmtes Band herausgesiebt wird.

Nach dem Charakter des R. werden unterschieden:

1. *Mikroskopische Geräusche*

   Ursache ist die Quantennatur der

Elektrizität (*Widerstands-R., Röhren-R.* mit Schroteffekt, Funkeleffekt usw.). Mikroskopische Geräusche lassen sich nicht unter eine durch die Bauelemente vorgegebene Grenze verringern.

2. *Makroskopische Geräusche*

Ursachen sind Störungen, die durch den Grobaufbau mechanischer und elektrischer Bauelemente hervorgerufen werden. Pneumatik und Hydraulik: Druckschwankungen durch Pumpen, Turbulenz an Ventilen. Mechanik: Lose an Zahnrädern, Kupplungen, Lagern und Gelenken. Elektrik: Funken an Kollektorlamellen und Kontakten, Blasenbildung an Batterien. Makroskopische Geräusche lassen sich durch konstruktive Maßnahmen beeinflussen.

ε. *Dynamische Geräusche*

Dynamische Geräusche sind an mechanische Bewegungen und an Änderungen der Eingangsgröße gebunden. Sie treten im Ruhezustand nicht auf (Induktionserscheinungen an gewikkelten Potentiometern bei Kurzschluß der vom Schleifer überbrückten Windungen).

Rechenglied

R. sind ↑*Bauglieder* von BMSR-Einrichtungen, die Rechenoperationen ausführen.

Beispiele:

Anwendung von R. in Meßeinrichtungen:

1. ↑*Mengenumwerter* für die Umrechnung von Gasvolumina V auf den ↑*Normzustand* V_0

$$V_0 = c\,\frac{p\,V}{T}\,.$$

2. Radizierglieder für die Durchfluß-messung nach dem ↑*Wirkdruckverfahren*

$$Q = c\sqrt{\Delta p}\,.$$

3. Integrierglieder zur Bestimmung des Volumens V aus dem ↑*Volumenstrom* Q bei ↑*induktiven Durchflußmessern*

$$V = \int_{t_1}^{t_2} Q\,\mathrm{d}t\,.$$

4. Differenzierglieder zur Bestimmung des Volumenstroms Q aus den Änderungen des Meßwerts V von ↑*Volumenzählern*

$$Q = \frac{\mathrm{d}V}{\mathrm{d}t}\,.$$

Reduzierter (Grund-)Fehler

↑*Fehlerangabe.*

Refraktometer

Meßgerät zur Analyse von Flüssigkeiten. Die R. beruhen auf der Bestimmung des Brechungsindex des Meßmediums und werden in der Betriebsmeßtechnik hauptsächlich für die Überwachung von Destillationsprozessen eingesetzt. RA 26.

Regelabweichung

Auf den Augenblick bezogene Differenz zwischen *Istwert* und *Sollwert* der Regelgröße. Je nach Aufbau der Regeleinrichtung kann die R. entweder in der Meßeinrichtung (insbesondere dann, wenn die Abbildungsgröße Widerstand in Brückenschaltungen weiterverarbeitet wird) oder im informationsverarbeitenden Teil der Steuer- oder Regeleinrichtung gebildet werden. Im allgemeinen ist es das Ziel einer Steuerung oder Regelung, die R. zum Verschwinden zu bringen. P-Regler und z. T. auch Regler mit P-Anteilen (auch Meßeinrichtungen mit Kompensationskreisen) verursachen jedoch eine prinzipbedingte *bleibende R.*, die in den Grundfehler eingeht. RA 1.

Registriereinrichtungen

Einrichtungen zur Aufzeichnung des
Werteverlaufs von Signalen. Die R. dienen damit der Informationsausgabe an
den Menschen. Üblich sind R. für Signale, die von Spannungen, Strömen
oder Drücken getragen werden. Die zulässigen Änderungsbereiche dieser Signale entsprechen entweder den ↑*Einheitssignalen* von Gerätesystemen oder
der durch Normzahlreihen für jede Größe
vorgegebenen Stufung der Meßbereichs-
endwerte. Die R. können auch für die
gleichzeitige Registrierung mehrerer Signale ausgeführt werden (↑*Mehrfach-
schreiber*). Zusammen mit den ↑*Anzeigegeräten* werden die R. gelegentlich auch
als *Sekundärgeräte* bezeichnet. ↑*Fall-
bügelschreiber.* ↑*Kompensationsschreiber.*
↑*Punktdrucker.* ↑*Punktschreiber.* RA 53.

Reizschwelle

↑*Ansprechwert.*

Relaismeßeinrichtung

Oberbegriff für alle Meßeinrichtungen,
die als Ausgangssignal ein ↑*diskretes Signal* (in den meisten Fällen ein *Zwei-
punktsignal*) abgeben. R. werden auch
als *Schalteinrichtungen* (z. B. Füllstands-
schalteinrichtungen) oder als *Wächter*
(*Niveauwächter, Strömungswächter,
Druckwächter*) bezeichnet.

Relativer (Grund-) Fehler

↑*Fehlerangabe.*

Remanenz

Restbetrag der magnetischen Induktion
B, der verbleibt, wenn ein ursprünglich
magnetisierter ferromagnetischer Werkstoff durch die Aufhebung der *Feldstärke* entmagnetisiert wird. Der Betrag
der Feldstärke, der aufgewendet werden
muß, um durch entgegengesetzte Polarität die R. zum Verschwinden zu bringen, heißt *Koerzitivkraft.*

76

Resonanz

Die Reaktion eines Systems, durch eine
ein- oder mehrmalige Energiezufuhr von
außen in Schwingungen bestimmter Frequenz zu geraten, wird R. genannt. Diese
Fähigkeit haben alle mechanischen und
elektrischen Speichersysteme (Feder-
Masse-Anordnungen, Luftsäulen und LC-
Netzwerke) sowie alle komplizierteren
elektrischen und mechanischen Systeme,
für die die Phasen- und Amplituden-
bedingungen der Selbsterregung erfüllt
sind.

Resonanzfrequenz

Die in Meßgeräten häufig vorkommenden Feder-Masse-Systeme oder elektrische Netzwerke, die Kapazitäten und
Induktivitäten enthalten, stellen Systeme zweiter oder höherer Ordnung dar,
deren ↑*Amplitudenkennlinie* je nach der
Struktur des Systems ein oder mehrere
Maxima aufweist. Die zu den Maxima
gehörenden Abszissenwerte sind die R.
des Systems. (Im Gegensatz dazu ↑*Eigen-
frequenz.*)

Ringkolbenzähler

Flüssigkeitsvolumenzähler, bei dem ein
ringförmiger Kolben (s. Bild) in einem
Gehäuse pendelt und damit die strömende Flüssigkeit in Teilmengen vom
Einlauf E zum Auslauf A transportiert.

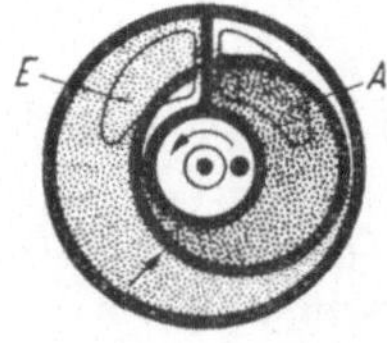

Die Zähler werden für die Messung von
Wasser, Mineralölen, Kraftstoffen, Le-
bensmitteln und Säuren eingesetzt.
RA 32.

Ringwaage

Gerät zur Messung von Unter- und Überdruck, Differenzdruck und zur Messung des Durchflusses nach dem ↑*Wirkdruckverfahren*. Die R. besteht aus einem Ringrohr, das (s. Bild) durch eine Trennwand und eine Sperrflüssigkeit in

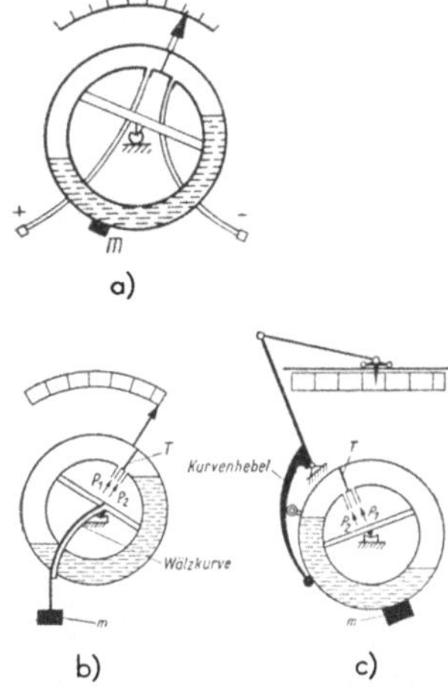

zwei mit Anschlußstutzen versehene Kammern geteilt ist. Je nach dem Verhältnis der Drücke in beiden Kammern neigt sich das in seinem geometrischen Mittelpunkt gelagerte Rohr so weit, bis ein neues Momentengleichgewicht erreicht ist. Der Neigungswinkel ist ein Maß für den Druck. Meßbereichseinstellung durch zusätzlich anzubringende Massestücke m und durch Wahl der Sperrflüssigkeit. Für Druck- und Differenzdruckmessung wird Ausführung a verwendet. Die für die Durchflußmessung erforderliche Radizierung ist durch *Kraftradizierung* (b) oder *Wegradizierung* (c) realisierbar.

Rollenzählwerk

Einrichtung zur digitalen Informationsausgabe an den Menschen. Ein R. enthält mehrere nebeneinander in dekadischer Zuordnung angeordnete Ziffernrollen (s. Bild a), die an ihrem Umfang die Ziffern 0 bis 9 tragen und sich entsprechend dem Wert der Eingangsgröße entweder ruckartig oder stetig weiterbewegen. Gegenüber ↑*Zeigerzählwerken* sind die R. leichter ablesbar, belasten

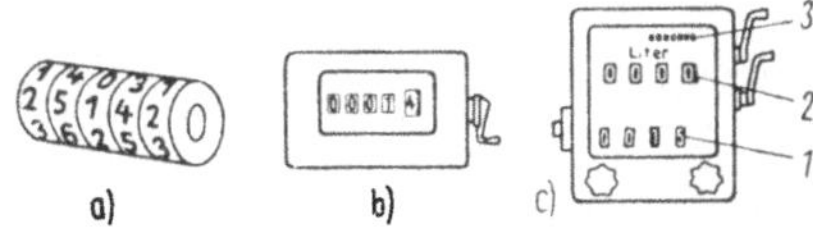

jedoch den Zählwerksantrieb entsprechend der Zahl der an einem Ziffernschritt beteiligten Rollen ungleichmäßig (z. B. Fortschaltung innerhalb der Einerrolle gegenüber der gleichzeitigen Schaltung von vier Rollen beim Schritt von 999 auf 1000). R. werden auch mit *Rückstellung* (s. Bild b) oder mit *Vorwahl* ausgestattet (s. Bild c). Ein Zählwerk für Volumenzähler mit Vorwahl enthält drei R.: das Vorwahleinstellwerk *1*, das Zählwerk für die vorgewählte Menge *2* und das Zählwerk *3* für die Anzeige der Gesamtmenge.

Rotamesser (Rotameter)

Firmenname für ↑*Schwebekörper-Durchflußmesser*.

Rückwärtsregelung

Veralteter Begriff für die Regelung in einem geschlossenen Regelkreis, in dem die Stellgröße durch den Regler entsprechend der Information der Meßeinrichtung auf den Eingang der Strecke

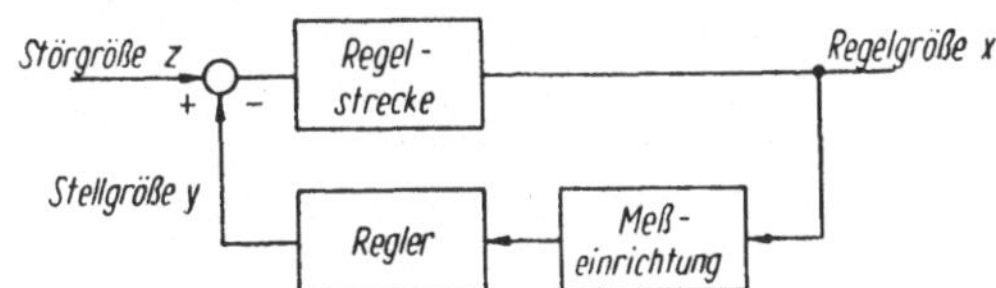

zurückgeführt wird (s. Bild). Der Begriff R. wurde früher als Gegensatz zum Begriff ↑*Vorwärtsregelung* (heute Steuerung) verwendet.

Rüttelprüfung

Prüfung von BMSR-Geräten auf besonderen Schwingtischen, um die Schwingungsfestigkeit in Abhängigkeit von Frequenz und Amplitude zu bestimmen.

Rüttelschwingungen

Schwingungen, die zur Untersuchung eines Geräts auf Schwingungsfestigkeit künstlich erzeugt werden. Für BMSR-Geräte wird das Spektrum der R. nach Frequenz und Amplitude vorgegeben. Für den Frequenzbereich 0 bis 50 Hz gilt eine Amplitude von 0,1 mm als normale ↑*Betriebsbedingung*. Einige Hersteller legen eine Amplitude von 0,145 mm zugrunde.

S

Satellitenwarte

Zur Entlastung von ↑*Komplexmeßwarten* oder ↑*Zentralwarten* bzw. aus speziellen Erfordernissen der Prozeßführung eingerichtete Meßwarten, die sich meist in der Nähe des zu überwachenden Anlagenteils befinden.

Saugschaltung

Schaltung eines *Stromkompensators*, der einen ↑*Bolometer-Verstärker* im Rückführzweig verwendet. Eingangsgröße: Strom I_e. Ausgangsgröße: eingeprägter Strom I_a. Die am Galvanometer befindliche Abdeckfahne beeinflußt den Kühlluftstrom für die durch U_1 aufgeheizten Widerstände R_3 bis R_6. Der Ausgleichsstrom I_a der verstimmten Brücke fließt als ↑*eingeprägter Strom* über den Verbraucher R_a und den zur Meßbereichseinstellung dienenden Stromteiler R_1, R_2 zur Brücke zurück ($I_a = I_e (R_1 + R_2)/R_1$). Die Anordnung stellt eine *Führungsregelung* mit P-Charakteristik dar, d. h.,

der angestrebte Zustand $I_e = I_2$ kann wegen der *bleibenden Regelabweichung* nicht erreicht werden (s. Bild).

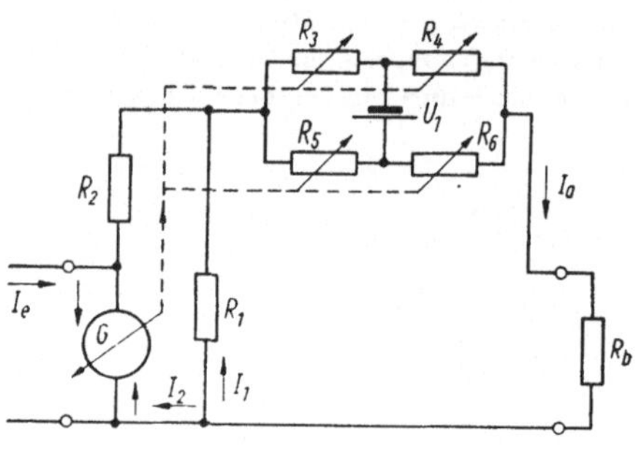

Schlappe Membran

↑*Membran*.

Schutzart

Klassifikation mehrerer Forderungen für die Auslegung der Schaltung oder die Ausführung der Konstruktion von Geräten und Anlagen, um bei gewollter oder ungewollter Funkenbildung innerhalb dieser Einrichtungen die Zündung und Explosion in der Nähe befindlicher Gas-Luft- oder Dampf-Luft-Gemische zu verhindern. ↑*Eigensicherheit*. ↑*Ex-Schutz*.

Schutzgrad

Klassifikation der nach verschiedenen Graden gestuften Merkmale des Schutzes von Geräten gegen Berührung innerer Teile, gegen das Eindringen von Fremdkörpern und gegen das Eindringen von Wasser.
Die S. werden gewöhnlich durch Kurzzeichen gekennzeichnet, die sich aus dem Kennbuchstaben P und zwei Ziffern zusammensetzen. Die erste Kennziffer gliedert den Berührungs- und Fremdkörperschutz in fünf Stufen, die zweite Kennziffer sieht für den Wasserschutz ebenfalls fünf Stufen vor.

Beispiele :

P 00   Kein Schutz gegen Berührung und Fremdkörper (0). Kein Schutz gegen Wasser (0).

P 43   Vollständiger Schutz gegen Berührung und Schutz gegen schädliche Staubablagerungen im Innern (4). Schutz gegen schädliche Wirkung von Schwallwasser (3).

Für jedes BMSR-Gerät ist in den *speziellen* ↑*Betriebsbedingungen* der erforderliche S. anzugeben. Die Prüfbedingungen für die Schutzgradprüfung sind in TGL 15166 festgelegt.
In DIN 40050 werden die S. (dort Schutzarten genannt) ähnlich klassifiziert.

Schutzleiter

Leitung, die zusätzlich zum Netzanschluß an ein Gerät geführt wird, um beim Auftreten unzulässiger und gefährlicher Berührungsspannungen am Gerät und an Anlagenteilen infolge Schäden die betreffenden Einrichtungen durch Trennung des Netzanschlusses außer Betrieb zu setzen. TGL 200-0602, DIN 40705.

Schutzrohr

Einseitig geschlossenes Rohr, das zum Einschrauben oder Einschweißen in Rohrleitungen, Behälter, Öfen usw. geeignet ist und zur Aufnahme der ↑*Meßeinsätze* von ↑*Thermoelementen* oder ↑*Widerstandsthermometern* dient. Das S. ermöglicht die Auswechslung von Meßeinsätzen ohne Störung des Betriebsablaufs der überwachten Anlage und schützt die Meßeinsätze vor Druck- und Schwingungsbeanspruchungen, Kraftwirkungen und chemischen Einflüssen. Gleichzeitig wird jedoch durch das S. das Zeitverhalten des Meßfühlers verschlechtert (Zeitkonstante bzw. Ver-

zugszeit wächst). Je nach Einsatzbedingungen sehen die Standards unterschiedliche Ausführungsformen der S. vor. DIN 43763, TGL 0-43763.

Schwebekörper-Durchflußmesser

Gerät zur Bestimmung der Meßgröße *Durchfluß*. Das Arbeitsprinzip beruht auf dem Druckabfall, der innerhalb einer strömenden Flüssigkeit über einer Querschnittsverengung auftritt. Im S. wird eine dem Differenzdruck proportionale Kraft F_d zum Tragen eines strömungstechnisch zweckmäßig geformten Schwebekörpers ausgenutzt (s. Bild). Diese

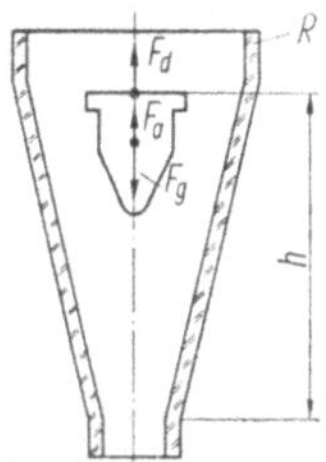

Kraft bildet ein Gleichgewicht mit dem Gewicht $F_g = mg$ des Schwebekörpers und der Auftriebskraft $F_a = V_s \varrho_f$ (V_s Volumen des Körpers, ϱ_f Dichte der Flüssigkeit). Der Differenzdruck ist von der Form des Schwebekörpers (konstant), dem Öffnungswinkel des konischen Rohres (konstant) und der Strömungsgeschwindigkeit des Mediums abhängig. Die sich aus dem Gleichgewicht der Kräfte einstellende Höhe h des Schwebekörpers ist auf dem Glasrohr an einer in Längen- oder Durchflußeinheiten geteilten Skale ablesbar.

Für den Anschluß an Regler kann die Stellung des Schwebekörpers optisch, magnetisch, induktiv, kapazitiv oder durch radioaktive Methoden abgegriffen und in ein für eine Regel- oder Steuereinrichtung verwertbares Signal umgewandelt werden. RA 32.

Schwimmer-Füllstandsmeßeinrichtung

Einrichtung zur Messung des Füllstands in flüssigkeitsgefüllten Behältern, bei der die Flüssigkeit einen Schwimmer trägt, dessen Auf- und Abwärtsbewegung meist von einem Seil (s. Bild) auf ein Potentiometer, einen ↑*Drehmelder* oder einen Winkel-Kode-Umsetzer übertragen wird. RA 31.

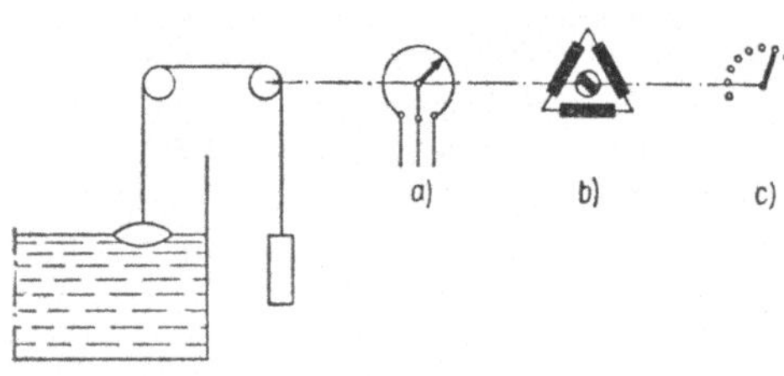

Schwimmermengenmesser

Meßumformer zur Wandlung des an einer Drosselstelle (↑*Blende*, ↑*Düse*, ↑*Venturidüse*) durch ein strömendes Medium hervorgerufenen Differenzdrucks in einen Zeigerausschlag oder zur Abbildung dieses Differenzdrucks auf einen

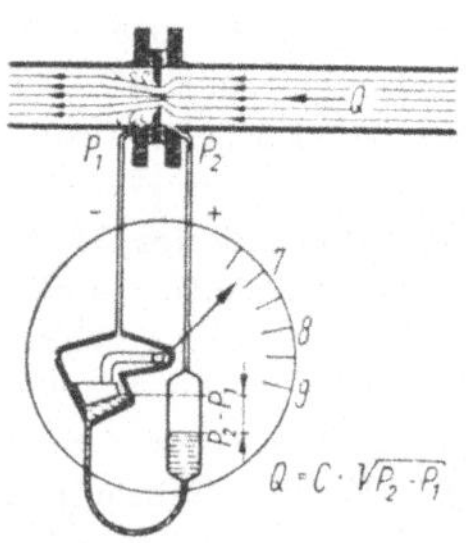

Widerstand als ↑*Signalträger*. Der S. stellt ein U-Rohrmanometer dar (s. Bild), mit dessen Quecksilberfüllung sich ein Schwimmer bewegt. Diese Bewegung wird meist über eine Magnetkupplung auf das Anzeigewerk des Geräts oder auf

den Schleifer eines Potentiometers übertragen. In Verbindung mit mechanischen oder elektrischen Integratoren können S. auch zur Volumenzählung eingesetzt werden.

Segerkegel

Kegelförmige Körper aus Silikatgemischen, die je nach Zusammensetzung Erweichungspunkte zwischen 600 und 2000 °C haben. Die S. werden, satzweise nach Erweichungspunkten gestuft und von außen sichtbar, in Brennöfen der keramischen Industrie eingesetzt, so daß beim Temperaturanstieg innerhalb des Ofens aus der Form der teilweise zusammengesunkenen Kegel auf die Ofentemperatur geschlossen werden kann.

Sekundärgerät

S. sind ↑*Anzeige-* und ↑*Registriereinrichtungen* für den Werteverlauf desjenigen ↑*Informationsparameters*, der am Ausgang einer Meßeinrichtung oder einer Einrichtung zur ↑*Informationsverarbeitung* auftritt, und dienen damit der Informationsausgabe an den Menschen. Im Fall der analogen Signalträger Gleichspannung, Gleichstrom, Wechselspannung und Druck wird die Amplitude als Informationsparameter verwendet. Die Standardisierung des Änderungsbereichs der Informationsparameter in Form von ↑*Einheitssignalen* erlaubt die Verwendung weniger S. für alle analogen Signalträger, die einen genügend hohen Energiepegel haben, so daß normale Drehspulgeräte bzw. normale Manometer und Druckschreiber als S. verwendet werden können.

Für binäre Signale sind als S. elektronische und elektromechanische *Zähleinrichtungen* sowie Geräte zum Ausdrucken der Werte üblich. Kodierte Signale können ebenfalls von entsprechenden S. angezeigt (auch Großsichtanzeige) und registriert werden.

Siebkornfilter

Zubehör für ↑ *Volumenzähler*, mit dem in der Flüssigkeit enthaltene Fremdkörper vom empfindlichen Meßwerk der Zähler ferngehalten werden.

Signal

Ein S. ist eine von einer ↑ *physikalischen Größe* getragene Zeitfunktion (bzw. deren Momentanwert), die den ↑ *Werteverlauf* einer anderen Größe, der signalisierten Größe, abbildet. Die Abbildungsmöglichkeiten hängen dabei von der Anzahl der als ↑ *Informationsparameter* geeigneten Eigenschaften der tragenden Größe (des *Signalträgers*) ab. Dabei hat das S. die *Dimension* seines Trägers.

Beispiel:

Signalträger	Informationsparameter	
	Anzahl	Art
Gleichspannung	2	Amplitude Vorzeichen
Wechselspannung	3	Amplitude Frequenz Phase
Druck	1(2)	Amplitude (evtl. Vorzeichen: Über- oder Unterdruck)

Im Rahmen der Betriebsmeßtechnik ist die signalisierte Größe eine im Prozeß gemessene Größe, die als *meßwertabhängiges S.* einer Steuerungs- oder Regelungseinrichtung zugeführt werden soll, um den Prozeß zu überwachen oder zu beeinflussen.

Beispiel:

Am Ausgang eines zur Temperaturmessung benutzten ↑ *Thermoelements* sind

signalisierte Größe:	Temperatur,
Signalart:	analoges Signal,
Signalträger:	Gleichspannung,
Dimension des Signals:	Gleichspannung,
Informationsparameter:	Amplitude.

Neben den meßwertabhängigen S. gibt es Befehls-S., die die Ausgangsgröße eines Schalters, einer Kurvenscheibe, eines Programmgebers, einer Lochband- oder einer Lochkarteneinrichtung abbilden. RA 1.

Signalflußplan

Schematische Darstellung der Übertragungsglieder einer Meß-, Steuer- oder Regeleinrichtung bzw. eines Regelkreises oder einer Steuerkette durch Blöcke, die durch Wirkungslinien miteinander verknüpft sind. Die ↑ *Signale* werden längs des *Signalflußwegs* weitergeleitet und verarbeitet. ↑ *Baugliedplan*.

Signalflußweg

In einem ↑ *Signalflußplan* der Weg, auf dem die Signale der Eingangsgröße eines Wandlers oder einer kompletten BMSR-Einrichtung zur Weiterverarbeitung geleitet werden.

Skale, Skala

Die S. ist die Markierungseinrichtung auf einem ablesbaren Meßgerät. Eine *Strichskale* (s. Bild) ist die Aufeinanderfolge einer größeren Anzahl von Teilungsmarken, z. B. Teilstrichen oder Punkten, auf einem Skalenträger. Die Teilungsmarken tragen häufig in bestimmten Abständen eine Bezifferung. Strichskalen

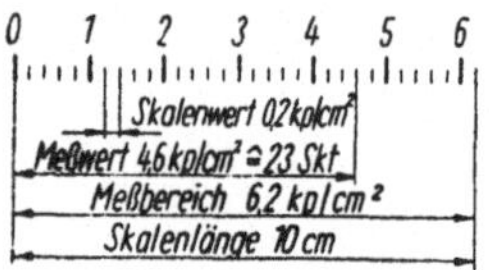

dienen überwiegend der ↑*analogen* Meßwertanzeige. Eine *Ziffernskale* ist eine meist dekadische Folge von Ziffern auf einem Skalen- oder Ziffernträger (Zahlenrollen oder Zahlenstreifen), wobei mehrere Ziffernträger zu einer mehrstelligen Ziffernfolge zusammengestellt werden können. Ziffernskalen sind ihrem Charakter nach ↑*digital*. Eine Kombination von Strich- und Ziffernskalen ist möglich (z. B. Strichteilung auf letzter Zahlenrolle). DIN 1319, TGL 0-1319.

Skalenkonstante

Die S. einer *Strich-*↑*Skale* (DIN 1319; s. TGL 0-1319) ist der Zahlenwert, mit dem bei Mehrbereichsmeßwerken der angezeigte Meßwert multipliziert werden muß, um den Meßwert zu erhalten.

Beispiel:

Bezifferung der Skale nach Meßbereich: 10 kp/cm².

Eingestellter Meßbereich: 20 kp/cm².

Zahlenkonstante: 2.

Skalenlänge

Die Länge einer *Strich-*↑*Skale* (s. TGL 0-1319, DIN 1319) ist der in Längeneinheiten gemessene Abstand zwischen dem Anfangs- und dem Endstrich der Skale.

Bei gekrümmten Skalen wird die S. im Winkel- oder Bogenmaß auf dem Bogen gemessen, der durch die Mitte der kleinsten Teilstriche verläuft.

Skalenteil

Der S. ist eine Zähleinheit für die Anzahl der Teilungsmarken einer *Strich-*↑*Skale,* in der die Anzeige eines Geräts angegeben wird, wenn die Skale nicht in den Einheiten einer speziellen Meßgröße geteilt ist.

Skalenwert

Der S. ist der bei *Strich-*↑*Skalen* in Einheiten der ↑*Meßgröße* angegebene Abstand zwischen zwei aufeinanderfolgenden Teilstrichen. Bei *Ziffern-*↑*Skalen* ist der S. gleich dem kleinsten Ziffernschritt. Der S. sollte nicht kleiner gewählt werden als der absolute Wert des *Grund-*↑*Fehlers.* DIN 1319, TGL 0-1319.

Sollwert

Der Wert der *Regelgröße,* der von einer selbsttätigen Regelung, Handregelung oder Steuerung eingehalten werden soll. Der S. ist ein zwar frei wählbarer, aber im Normalfall für längere Zeit fest eingestellter Wert *(Festwertregelung).* Unterliegt der von einer Regelung oder Steuerung einzuhaltende Wert einer ständigen Veränderung, so wird der Verlauf dieser Änderung ↑*Führungsgröße* genannt. Die Differenz aus Istwert und S. *(*↑*Regelabweichung)* wird entweder in der Meßeinrichtung oder in der Regel- bzw. Steuereinrichtung gebildet. RA 1.

Spannbandaufhängung (Spannbandlagerung)

Das Meßsystem von ↑*Kreuzspul-* oder ↑*Drehspulmeßgeräten* wird bei modernen Meßgeräten von einem vorgespannten Band mit rechteckigem Querschnitt (Seitenverhältnis etwa 1 : 10) getragen, dessen bei der Auslenkung entstehendes

Torsionsmoment gleichzeitig die Rückstellung des Zeigers bewirkt. Gegenüber
der früher häufig angewendeten *Spitzen-
lagerung* ist die S. weniger erschütte-
rungsempfindlich. Auch Reibungsfehler
treten nicht auf.

Spannungsanpassung

Optimierung der elektrischen Zusammenschaltung zweier aufeinanderfolgender Glieder eines Übertragungswegs auf
die Übertragung einer maximalen Spannung. Anwendung des Begriffes S. ist
nur sinnvoll, wenn sich der Innenwiderstand R_i und die Leerlaufspannung U_l
der Quelle sowie der Eingangswiderstand R_a des Empfängers durch lineare
Elemente darstellen lassen (s. Bild). Die

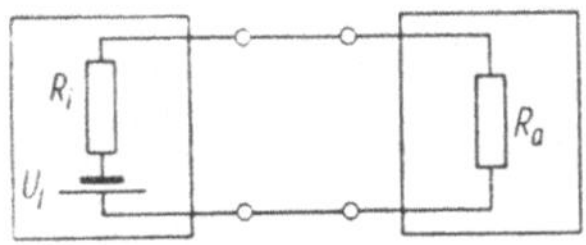

Bedingung der S. ist $R_a \gg R_i$. Der
Idealfall $R_a = \infty$ läßt sich durch *Span-
nungs-* ↑*Kompensationsverfahren* erreichen. In der BMSR-Technik entspricht
der S. die Betriebsart ↑*eingeprägte Spannung*.

Spannungsersatzschaltbild

Darstellung eines elektrischen Netzwerks, eines speziellen Bauelements der
BMSR-Technik (z. B. Thermoelement)
oder eines ↑*Wandler*-Eingangs bzw.
-Ausgangs als aktiver Zweipol, der aus

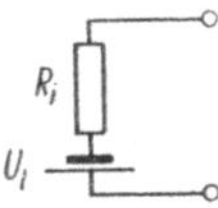

einer Ersatzleerlaufspannung U_l und
einem Ersatzinnenwiderstand R_i besteht
(s. Bild). Jedes S. kann in ein äquivalentes ↑*Stromersatzschaltbild* umgewandelt werden, das einen gleich großen Ersatzinnenwiderstand enthält.

Spannungskompensation

Methode zur Messung von Spannungen
durch Vergleich der unbekannten Spannung mit einer veränderbaren Normal-
spannung. Der Vergleich erfolgt über
↑*Nullindikatoren*. In der Labor- und
Prüffeldmeßtechnik Verwendung von
handbetätigten, in der Betriebsmeßtechnik von selbsttätigen Kompensatoren. ↑*Lindeck-Rothe-Kompensator*.
↑*Poggendorf-Kompensator*.

Spannungswandler

Als Transformator aufgebauter ↑*Wandler*, der in der Starkstromtechnik bei
Meßgeräten für Wechselspannungen zur
Meßbereichserweiterung verwendet wird.
Die Primärwicklung des S. liegt an der
zu messenden Spannung. Die Sekundärwicklung wird von einem Spannungs-
messer mit möglichst hohem Innenwiderstand abgeschlossen, da die S. zur exakten Einhaltung des Spannungsüberset-
zungsverhältnisses $U_1/U_2 = w_1/w_2$ im
Leerlauf arbeiten müssen.

Spitzenlagerung

Zur Gewährleistung niedriger Fehlerklassen müssen die Meßsysteme von
↑*Drehspul-* und ↑*Kreuzspulmeßwerken*
reibungsarm gelagert werden. Neben der
↑*Spannbandlagerung* wird für diesen

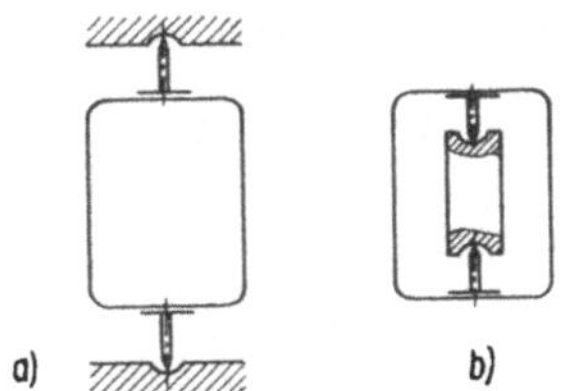

Zweck die S. angewendet, bei der an der
Spule des Meßwerks entweder außen (s.
Bild a) oder innen (s. Bild b) zwei spitze

Zapfen befestigt sind, die in entsprechenden gehäusefesten, aber von außen verstellbaren Vertiefungen drehbar sind.

Standardabweichung

Die S. *(mittlere quadratische Abweichung)* umfaßt den *mittleren quadratischen Fehler* einer Reihe von n voneinander unabhängigen Bestimmungen des gleichen Wertes der Meßgröße. In der allgemeinen Statistik gilt:

$$s = \sqrt{\frac{1}{n} \sum_{i=1}^{n} \delta_i{}^2} \; .$$

In der Theorie der Beobachtungsfehler wird die S. dagegen nur auf die Zahl der $n-1$ Kontrollmessungen bezogen:

$$s = \sqrt{\frac{1}{n-1} \sum_{i=1}^{n} \delta_i{}^2} \; ;$$

$$\delta_i = \bar{x} - x_i,$$

$\bar{x}$ arithmetischer ↑*Mittelwert* der Einzelergebnisse,

$x_1, \ldots, x_i, \ldots, x_n$ Einzelergebnisse.

In der BMSR-Technik hat die S. Bedeutung bei der ↑*Eichung* und ↑*Prüfung* von Betriebsmeßeinrichtungen.

Statische Fehler

St. sind die ↑*Fehler*, die dem Meßwert eines Meßgeräts oder einer Meßeinrichtung anhaften, wenn das ↑*Ausgangssignal* den stationären (eingeschwungenen) Zustand angenommen hat. Gegensatz: ↑*dynamische Fehler*.

Statische Kennlinie

In der BMSR-Technik ist die S. die grafische Darstellung des ↑*Informationsparameters* des Ausgangssignals in Abhängigkeit vom Informationsparameter des Eingangssignals für den eingeschwungenen Zustand des Systems. ↑*Kennlinie*.

Statische Kennwerte

Kennwerte, die das Verhalten eines Gliedes einer BMSR-Einrichtung im eingeschwungenen Zustand kennzeichnen. Zu den S. gehören u. a. der ↑*Grundfehler* mit seinen Komponenten, die ↑*Zusatzfehler*, der ↑*Übertragungsfaktor*.

Staubschutz

Betriebsmeßgeräte werden häufig in Produktionsräumen montiert und müssen daher den für das jeweilige Gerät in den *speziellen* ↑*Betriebsbedingungen* festgelegten ↑*Schutzgraden* genügen, die neben dem Berührungs-, Fremdkörper- und Wasserschutz auch den Schutz der Geräte vor Eindringen von Staub erfassen.

Steckblende

Spezielle konstruktive Form eines ↑*Wirkdruckgebers* für die Durchflußmessung. St. werden für ↑*Nennweiten* ab etwa

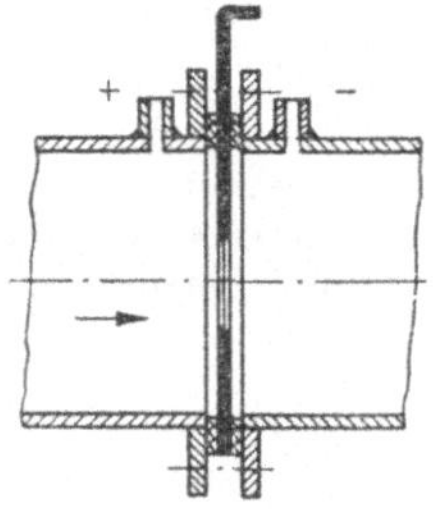

200 mm hergestellt. Sie werden ohne weitere Befestigungselemente zwischen zwei Standardflansche montiert. Für den Abgriff des Wirkdrucks müssen neben den Flanschen zwei Stutzen angebracht werden (s. Bild).

Steilheit

Aus dem Bild einer Funktion $y = f(x)$ in einem rechtwinkligen Koordinatensystem abgeleiteter Begriff für den Differentialquotienten $S = \dfrac{dy}{dx}$. Die S.

kann als *mittlere St.* gemäß $S = \dfrac{\Delta y}{\Delta x}$ innerhalb des Funktionsbereichs auf beliebig große Δx oder als *differentielle S.* gemäß $S = \dfrac{dy}{dx}$ für einen bestimmten Arbeitspunkt angegeben werden.

Allgemein wird der Begriff in der Technik für Zeitfunktionen $x = f(t)$, für ↑*statische Kennlinien* $x_a = f(x_e)$ von Meß- und Regeleinrichtungen sowie für beliebige Abhängigkeiten zweier Geräte- oder Bauelementeparameter angewendet.

Im Sonderfall der statischen Kennlinie analoger Glieder von Meß- und Regeleinrichtungen wird die S. auch als ↑*Übertragungsfaktor K* bezeichnet: $K = \dfrac{\Delta x_a}{\Delta x_e}$.

Ist bei diesen Gliedern, wie bei elektrischen und pneumatischen Verstärkern, die Dimension der Eingangsgröße gleich der der Ausgangsgröße, so wird der Übertragungsfaktor dimensionslos. In der allgemeinen Schwachstromtechnik wird der Übertragungsfaktor in diesem Fall als ↑*Verstärkungsfaktor* und in der allgemeinen Meßtechnik gemäß DIN 1319 und TGL 0-1319 als ↑*Empfindlichkeit* bezeichnet.

Stetiges Signal

Bei stetigen ↑*Signalen* (s. Bild a) ist der ↑*Informationsparameter* eine stetige Funktion der Zeit, d. h., jedem Zeitpunkt ist im Gegensatz zum ↑*unstetigen*

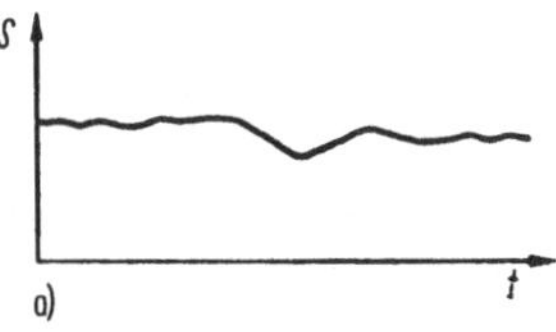

Signal (s. Bild b) ein und nur ein Funktionswert zugeordnet. TGL 14591, DIN 19226.

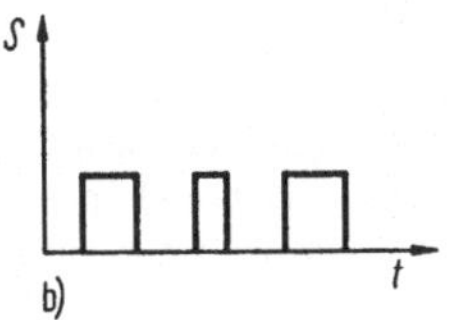

Steuerpult

In ↑*Leitständen* oder ↑*Meßwarten* befindliches schreibtischartiges Pult zur Aufnahme von Betriebsmeßgeräten sowie von Steuer- und Regeleinrichtungen.

Stichdrehzahlmesser

Mechanischer Umdrehungszähler, der mit Hilfe eines Reibungsmitnehmers an das Rotationszentrum eines drehenden Maschinenteils gedrückt wird. Eine gleichzeitige Zeitmessung mit einer gelegentlich auch fest in das Gerät eingebauten Stoppuhr ermöglicht die Errechnung der Drehgeschwindigkeit.

Strichskale

↑*Skale.*

Stromanpassung

Optimierung der elektrischen Zusammenschaltung zweier aufeinanderfolgender Glieder eines Übertragungswegs auf die Übertragung eines maximalen Stromes. Anwendung des Begriffs S. ist nur sinnvoll, wenn sich der Innenwiderstand R_i und die Leerlaufspannung U_i der Quelle sowie der Eingangswiderstand

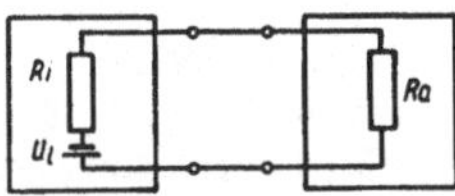

R_a des Empfängers durch lineare Elemente darstellen lassen (s. Bild). Die Bedingung der S. ist $R_a \ll R_i$. Der Idealfall $R_a = 0$ läßt sich durch Strom-↑*Kompensationsverfahren* erreichen. In der BMSR-Technik entspricht der S. die Betriebsart ↑*eingeprägter Strom.*

Stromersatzschaltbild

Darstellung eines elektrischen Netzwerks, eines speziellen Bauelements der BMSR-Technik (z. B. Thermoelement) oder eines Wandlereingangs bzw. -ausgangs als aktiver ↑*Zweipol*, der aus

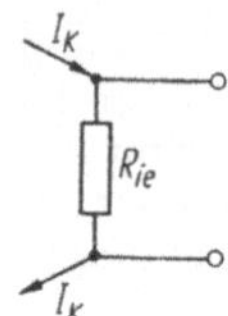

einem Kurzschlußstrom I_k konstanter Größe und einem Ersatzinnenwiderstand besteht (s. Bild). Jedes S. kann in ein äquivalentes ↑*Spannungsersatzschaltbild* umgewandelt werden. Der Wert des Innenwiderstands R_i bleibt dabei unverändert.

Stromkompensation

Methode zur Messung von Strömen durch Vergleich des unbekannten Stromes I_x mit einem veränderbaren Normalstrom I_a (s. Bild). Der Vergleich erfolgt über einen ↑*Nullindikator*. In der Betriebsmeßtechnik angewendet, wenn der

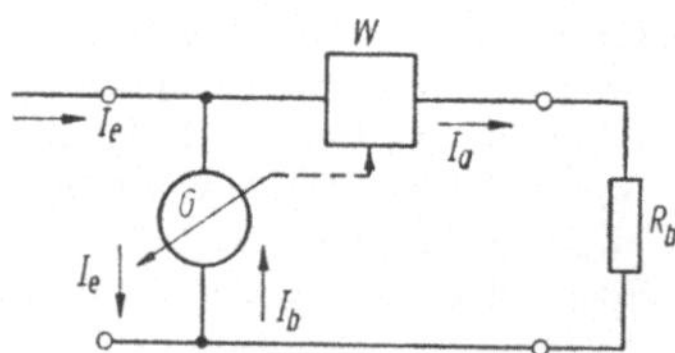

Strom als Meßgröße oder *natürliche* ↑*Abbildungsgröße* mit extrem kleinem Eingangswiderstand der Meßeinrichtung gemessen werden soll. Bei vollständiger Kompensation des Eingangsstroms (nur bei Kompensatoren mit *I-Charakteristik* möglich) verschwindet der Eingangswiderstand ganz.

Beispiel: Das Galvanometer G als Nullindikator steuert einen Verstärker, der den Vergleichsstrom als ↑*eingeprägten*

Strom durch den Verbraucher und den Nullindikator treibt. ↑*Saugschaltung*.

Stromwandler

Als Transformator aufgebauter ↑*Wandler*, der in der Starkstromtechnik bei Meßgeräten für Wechselströme zur Meßbereichserweiterung verwendet wird. Die Primärwicklung eines S. wird in den zu messenden Stromkreis geschaltet. Die Sekundärwicklung wird von einem Strommesser mit möglichst kleinem Innenwiderstand abgeschlossen, da die S. zur Einhaltung des exakten Stromübersetzungsverhältnisses $I_1/I_2 = w_2/w_1$ im Kurzschluß arbeiten müssen. Ein Leerlauf der Sekundärseite führt zu einem Anwachsen der Magnetisierung des Eisens und damit zu unzulässigen Erwärmungen sowie zu Überspannungen auf der Sekundärseite. Daher dürfen die S. weder im Leerlauf betrieben werden noch im Sekundärkreis Sicherungen oder Schalter enthalten.

Symbole für Meßeinrichtungen

Die Symbole und Kennzeichen der Steuerungs- und Regelungstechnik sind z. B. in TGL 14091 festgelegt. Auf der Basis von Grundsymbolen enthält dieser Standard u. a. auch Symbole für Meßfühler (s. die im Bild dargestellte Auswahl), Wandler, Verstärker, Rechenglieder und logische Verknüpfungsglieder.

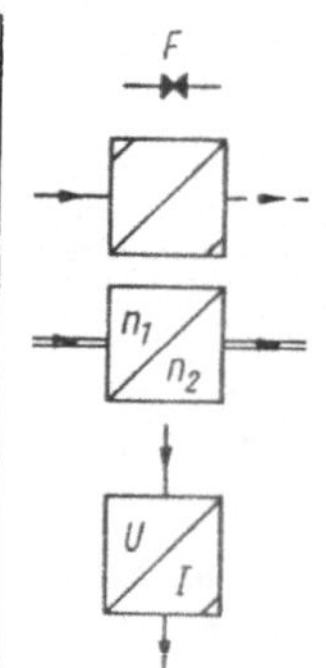

Elektro-pneumatische Wandler (Umformer) mit Kraftkompensation und normierten Ein- und Ausgangsgrößen

Getriebe (Drehzahlwandler, Drehmomentwandler) mit konstantem Übersetzungsverhältnis

Spannungs-Stromwandler (Umformer) mit normierter Ausgangsgröße

Thermoelement	
Federmanometer	
U-Rohr-Manometer	
Volumenmesser für Flüssigkeiten oder Gase nach dem Rotationsprinzip	
Durchflußmesser mit Blende (Düse)	
Durchflußmesser mit Venturisystem	
Durchflußmesser mit Schwebekörper	
Durchflußmesser mit Schwimmer	
Füllstandsmessung mit Schwimmer	
Dehnungsmeßstreifen	
Induktiver Geber	
Widerstandsgeber	
Fotoelektrischer Geber (Lichtempfänger)	

Synchro

Englische Bezeichnung für ↑ *Drehmelder.* Anstelle des Begriffs S. werden in den USA und in England vielfach die Handelsnamen spezieller Hersteller verwendet (Asyn, Autosyn, Selsyn, Telesyn u. a.).

Systematischer Fehler

↑ *Fehler.*

T

Tachodynamo

↑ *Tachometer.*

Tachometer

Meßfühler zur Wandlung der Meßgröße Drehzahl (Drehgeschwindigkeit) in ein für die Anzeige oder für den informationsverarbeitenden Teil einer BMSR-Einrichtung geeignetes Abbildungssignal. T. für BMSR-Aufgaben sind als Wechselstrom- oder Gleichstromgeneratoren *(Tachodynamos)* aufgebaut, deren Ausgangsspannung der Drehzahl streng proportional ist.

Tafel der gesetzlichen Einheiten

Gesetzliche Festlegung der ↑ *Grundeinheiten* und abgeleiteten Einheiten für die DDR. Die T. wurde auf Grund des Paragraphen 9 Nr. 4 der *Verordnung über die physikalisch-technischen Einheiten* vom 14. Aug. 1958 im Mitteilungsblatt Nr. 149 des DAMG (jetzt DAMW) vom 8. Okt. 1958 veröffentlicht. Sie enthält die Definitionen der *physikalisch-technischen Einheiten,* deren *Kurzzeichen,* die Beziehungen zu den Grundeinheiten sowie die Vorsätze für die Bildung dezimaler Vielfacher und Teile der Einheiten.

Taumelscheibenzähler

Flüssigkeitsvolumenzähler, bei dem die zu messende Flüssigkeit durch eine auf einem Kegel abrollende kreisrunde Taumelscheibe in Teilmengen zerlegt und zum Auslauf des Zählers transportiert wird. T. werden im Vergleich zu ↑ *Wälzkolben-* oder ↑ *Treibschieberzählern* heute nur noch selten angewendet.

Technisches Maßsystem

Maßsystem, das auf den Grundeinheiten Meter, Kilogramm (Kraft) und Sekunde beruhte.

Teilstrahlungspyrometer

↑*Pyrometer*, das nur einen Teil des von einem Meßobjekt ausgehenden Strahlungsspektrums zur Bildung des Ausgangssignals ausnutzt. Zu den T. gehören z. B. die Glühfadenpyrometer, bei denen das strahlende Objekt durch einen Rotfilter mit der Strahlung eines elektrisch aufgeheizten Glühfadens verglichen wird. Bei gleicher Färbung von Glühfaden und Strahlungsobjekt ist der einstellbare Heizstrom dann ein Maß für die Temperatur. Je nach Ausführung des Geräts können mit T. Temperaturen von 700 °C bis 2000 °C gemessen werden. RA 27.

Temperaturkompensation

1. *Einfluß der Temperatur auf die Meßeinrichtung*

Die Temperaturschwankungen des Meßmediums und der Umgebung einer Meßeinrichtung beeinflussen stark deren Grund- und Zusatzfehler. Verursacht werden diese ↑*Fehler* hauptsächlich durch Änderung der Parameter elektrischer Bauelemente (Widerstände, Transistoren, Röhren) und durch Wärmedehnungen bei mechanischen Bauelementen und Baugruppen. Neben der Verwendung von Bauelementen und Materialien mit kleinen Temperaturkoeffizienten werden bei aktiven elektrischen Netzwerken Gegenkoppelungsschaltungen (d. h. innere Regelkreise) zur Verminderung dieser Fehler eingesetzt. Bei elektrischen Netzwerken und mechanischen Aufbauten ist auch die Verwendung von Bauelementen mit einer dem Fehler entgegengesetzten

Charakteristik üblich (NTC-Widerstände, Brückenschaltungen, Spezialkonstruktionen).

Beispiele :

a) *Temperaturkompensation für Dehnungsmeßstreifen (s. Bild a)*

Der Widerstand R_x des Meßstreifens ist der Dehnung und der Temperatur am Meßort ausgesetzt,

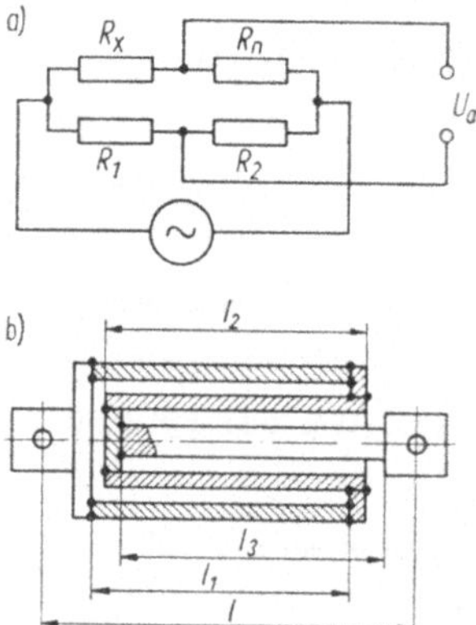

R_n als Kompensationswiderstand dagegen nur der Temperatur. Wegen

$$\frac{R_1}{R_2} = \frac{R_x\,(1 + \alpha_1\vartheta_1)}{R_n\,(1 + \alpha_2\vartheta_2)}$$

geht bei $\alpha_1 = \alpha_2$ und $\vartheta_1 = \vartheta_2$ die Temperaturänderung am Meßort nicht in das Meßergebnis ein.

b) *Kompensation temperaturbedingter Dehnungen (s. Bild b)*

Die Länge l eines mechanischen Präzisionselements wird von der Temperatur nicht beeinflußt, wenn die Ausdehnungskoeffizienten α

und die Längen l der Rohre *1* bis *3* folgenden Bedingungen genügen:

$$l_1 = l_2 = l_3,$$

$$a_1 = a_3 = 2a_2.$$

2. *Einfluß der Temperatur auf das Meßmedium*

Ist die zu messende Eigenschaft des Meßmediums durch ein physikalisches Gesetz mit der Temperatur verknüpft, so muß deren Einfluß durch eine meist analog arbeitende Recheneinrichtung kompensiert werden.

Beispiele:

a) *Volumenmessung bei Gasen*

Es gilt das Gasgesetz $V = c \dfrac{T}{p}$.

Bei Gaszählern wird die Zustandskorrektur für die Faktoren T und p durch ein mechanisches Rechenwerk vorgenommen (↑*Mengenumwerter*).

b) *Massenbestimmung mit Volumenzählern*

Gemäß $m = \varrho V$ (die Dichte ϱ ist dabei hauptsächlich eine Funktion der Temperatur) wird das mit Volumenzählern bestimmte Volumen V entweder am Volumenzähler direkt oder in Datenerfassungs- und Datenverarbeitungsanlagen digital mit der temperaturabhängigen Dichte multipliziert.

Thermoelektrische Temperaturmessung

Verfahren zur Temperaturmessung, das auf der Bestimmung der an einer Übergangsstelle zwischen zwei unterschiedlichen Metallen in Abhängigkeit von der Temperatur auftretenden *Thermospannung* beruht. In einem gleichmäßig temperierten Stromkreis ist die Summe aller Thermospannungen gleich Null. Werden jedoch außer einem ↑*Thermopaar*, dem Meßfühler, alle anderen Materialübergangsstellen auf konstanter Temperatur gehalten (evtl. durch Thermostaten), so ist die resultierende Thermospannung in

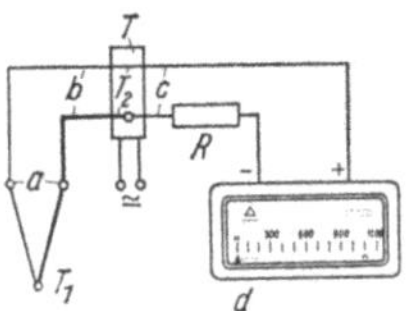

einem solchen Stromkreis ein Maß für die Temperatur am Meßfühler. Praktisch (s. Bild a) wird das Thermopaar *1, 2* in einem ↑*Thermoelement* untergebracht

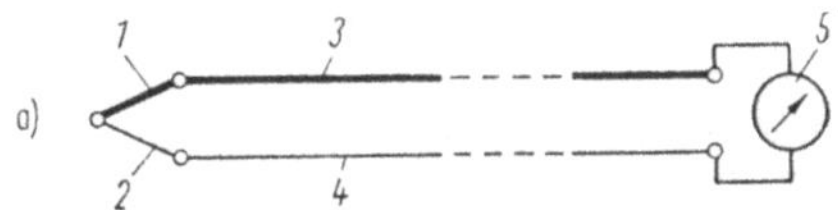

und im einfachsten Fall über ↑*Ausgleichsleitungen* zur Anzeige oder zur Informationsverarbeitung mit einem Drehspulmeßwerk *5* oder mit einem Spannungskompensator verbunden. Für höhere Anforderungen an die Genauigkeit werden alle Materialübergangsstellen (z. B. *8, 9, 10, 11* im Bild b) mit einem

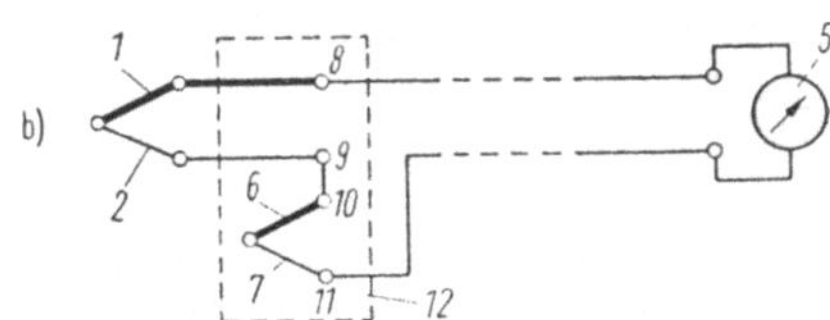

weiteren Thermopaar *6, 7* an einer Vergleichsstelle *12* zusammengefaßt. Die Leitungen *3, 4* zur ↑*Anzeige-* oder ↑*Registriereinrichtung* bzw. zum informationsverarbeitenden Teil einer Regeleinrichtung können dann aus normalem Leitungsmaterial bestehen. RA 27.

Thermoelement

Temperatur-↑*Meßfühler*, der als temperaturempfindlichen Teil zwei an einem Ende miteinander verschweißte Leiter aus verschiedenen Werkstoffen enthält. Ein komplettes T. (s. Bild) besteht aus dem eigentlichen ↑*Thermopaar*, dem ↑*Meßeinsatz*, dem ↑*Anschlußkopf 1* und

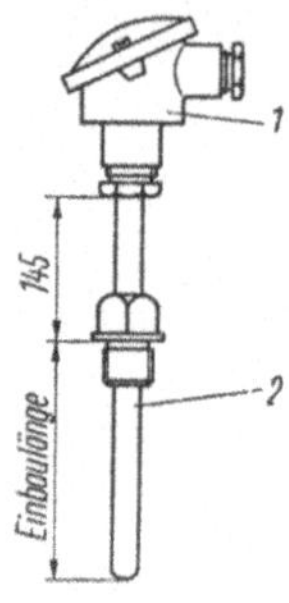

dem ↑*Schutzrohr 2*. Das durch die Temperaturschwankungen ausgelöste Meßsignal wird durch die physikalischen Vorgänge im Thermopaar auf eine Spannung *(Thermospannung)* abgebildet. Je nach dem Typ des Thermopaars liegen die *Grundwerte* dieser Spannung zwischen 0 und 40 mV. Mit T. können je nach Kombination des Thermopaars sowie nach konstruktiver Ausführung des Meßeinsatzes und des Schutzrohrs Temperaturen zwischen —200 °C und +1600 °C gemessen werden. ↑*Thermoelektrische Temperaturmessung.* RA 27.

Thermopaar

Temperaturempfindlicher Teil eines ↑*Thermoelements*. Das T. besteht aus zwei Drähten unterschiedlichen Materials, die an einem Ende miteinander verschweißt sind. Diese Schweißstelle stellt die *Meßstelle* des T. dar, die freien Enden den positiven und den negativen *Thermoschenkel*. Üblich sind folgende Materialkombinationen:

Kupfer—Konstantan,

Eisen—Konstantan,

Nickelchrom—Nickel,

Platinrhodium—Platin.

DIN 43710, TGL 0-43710.

Totzeit

Aus der Sprungantwort $h\,(t)$ gewonnener ↑*Zeitkennwert* eines Gliedes einer Meß-, Steuer- oder Regeleinrichtung. Die Totzeit T_t (s. Bild) gibt für die Glieder die Zeit an, nach der eine Änderung des Eingangssignals am Ausgang zu wirken beginnt.

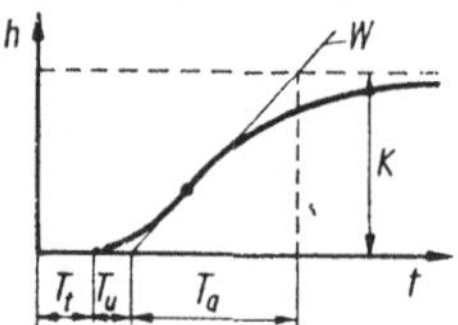

Beispiele:

Transportvorgänge im weitesten Sinn, wie Laufzeit von Signalen bei längeren Nachrichtenkabeln, Mischungsvorgänge, Bandwaagen, thermische Vorgänge. ↑*Ausgleichszeit* (im Bild mit T_a bezeichnet). ↑*Verzugszeit* (im Bild mit T_u bezeichnet). TGL 14591, DIN 19226.

Totzone

Durch Spiel in Lagern, Getrieben und anderen mechanischen Anordnungen bedingte Unempfindlichkeitszone, die im Verlauf der statischen Kennlinie $X_a = f(X_e)$ einer Meßeinrichtung für jeden Ordinatenwert auftritt, wenn dieser sowohl von kleineren als auch von größeren Werten her angenähert wird. Die T. (↑*Lose*) beeinflußt sowohl das dynamische Verhalten eines Bauglieds einer BMSR-Einrichtung als auch deren statischen *Grund-*↑*Fehler*.

Transduktor

Aus dem englischen Sprachgebrauch stammende Bezeichnung für ↑*Magnet-*

verstärker. Allgemein ist T. der Oberbegriff für alle Einrichtungen, deren Wirkung auf der Ausnutzung nichtlinearer Eigenschaften magnetischer Materialien beruht .RA 8.

Transmitter

Veralteter Begriff für ↑*Meßumformer* und ↑*Wandler.*

Transportrüttelschwingungen

Kennwert für die Forderungen an die Transportverpackung von BMSR-Geräten. In den *speziellen Betriebsbedingungen* werden Zahlenwerte für die T. festgelegt. Für viele Geräte gilt die Forderung, daß das verpackte Gerät Stöße von $30\ \text{m/s}^2$ bei einer Stoßhäufigkeit von 80 bis 120 min^{-1} aushalten muß, ohne daß dadurch beim späteren Betrieb die Einhaltung der technischen Forderungen beeinträchtigt wird.

Treibschieberzähler

Flüssigkeitsvolumenzähler, bei dem (s. Bild) vier in einem umlaufenden Zylinder Z geführte Schieber S von einer

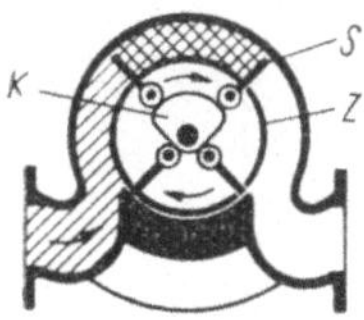

Kurvenscheibe K gesteuert werden und dadurch die zu messende Flüssigkeit in Teilmengen zum Zählerauslauf transportieren. T. werden hauptsächlich für die Messung von Mineralölen eingesetzt.

Trommelflüssigkeitszähler

Das Prinzip der T. wird für die Messung des Volumens langsamströmender Flüssigkeiten angewendet (Nenn-↑*Belastung* etwa 600 l/h), wobei jedoch die Flüssigkeit drucklos zugeführt werden muß. Der Aufbau der Trommel (im Sinn der

BMSR-Technik der eigentliche ↑*Meßfühler*) ist im Bild dargestellt. Die Flüssigkeit wird durch ein die Drehachse *1* konzentrisch umgebendes Zulaufrohr *2* zugeführt und füllt zunächst den segmentförmigen Teil *3* des Innenzylinders *4* so lange auf, bis die Flüssigkeit über

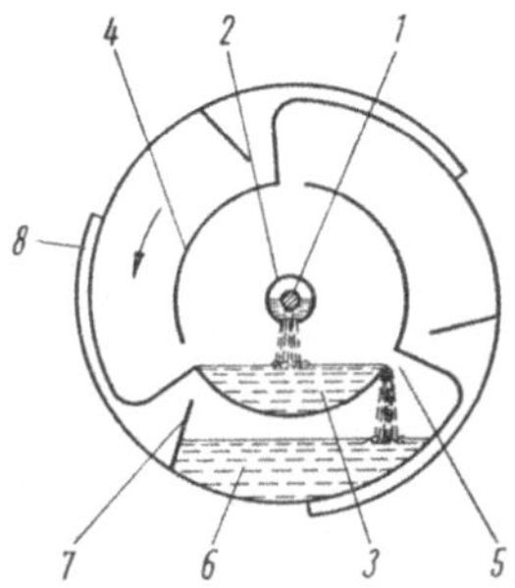

den Durchbruch *5* in die Meßkammer *6* fließt und diese ebenfalls füllt. Erreicht der Flüssigkeitsspiegel die Oberkante des Trennstegs *7*, so strömt die Flüssigkeit in den Auslaufraum *8*, verlagert damit den Schwerpunkt der Trommel und bewirkt gleichzeitig mit einem schrittförmigen Weiterschalten des angeschlossenen Zählwerks die völlige Entleerung der Meßkammer *6* und die Meßbereitschaft der nächsten Meßkammer.

U

Übertragungsfaktor

Der Ü. kennzeichnet das statische Verhalten eines analogen Gliedes einer BMSR-Einrichtung. Entsprechend der Struktur des Gliedes werden drei Formen des Ü. aus den jeweils zugeordneten statischen Kennlinien abgeleitet:

1. *Proportionaler Ü.*

Der proportionale Ü. (s. Bild a) ist identisch mit der ↑*Empfindlichkeit*, mit der ↑*Steilheit* der statischen Kennlinie $x_a = f(x_e)$ oder bei gleicher ↑*Di-*

mension von Eingangs- und Ausgangsgröße auch mit dem ↑*Verstärkungsfaktor*. Es ist

$$K_\mathrm{p} = \frac{x_{\mathrm{a}2} - x_{\mathrm{a}1}}{x_{\mathrm{e}2} - x_{\mathrm{e}1}} \, .$$

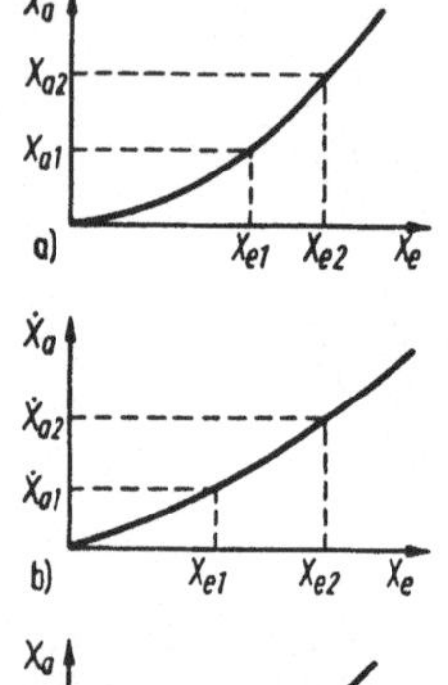

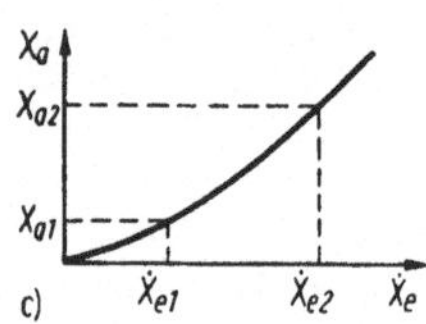

2. *Integraler Ü.*

Für den integralen Ü. (s. Bild b) gilt:

$$K_\mathrm{i} = \frac{\dot{x}_{\mathrm{a}2} - \dot{x}_{\mathrm{a}1}}{x_{\mathrm{e}2} - x_{\mathrm{e}1}} \, .$$

3. *Differentialer Ü.*

Für den differentialen Ü. (s. Bild c) gilt:

$$K_\mathrm{d} = \frac{x_{\mathrm{a}2} - x_{\mathrm{a}1}}{\dot{x}_{\mathrm{e}2} - \dot{x}_{\mathrm{e}1}} \, .$$

Umformer

↑*Wandler.* ↑*Meßumformer.*

Umkehrspanne

In der ↑*statischen Kennlinie* von BMSR-Einrichtungen größte experimentell feststellbare Differenz Δx_a (s. Bild) des Ausgangssignals, die sich bei langsamer stetiger Bewegung der Eingangsgröße auf einen Wert x_{eu} ergibt, wenn dieser Wert nacheinander durch wachsendes und durch fallendes x_e erreicht wird. Die U. geht in den *Grund-*↑*Fehler* ein und darf einen je nach Gerät festzulegenden Bruchteil davon nicht überschreiten. DIN 1319, TGL 0-1319.

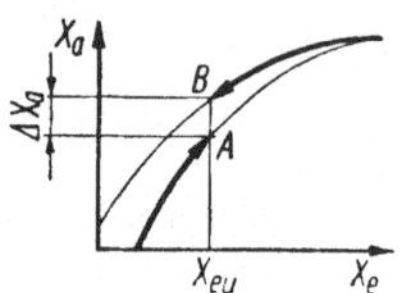

Umsetzer

↑*Wandler.* ↑*Meßumsetzer.*

Unstetiges Signal

Bei unstetigen ↑*Signalen* (s. Bild) hat die zeitliche Funktion des ↑*Informationsparameters* Unstetigkeitsstellen (in den meisten Fällen Sprungstellen). TGL 14591, DIN 19226.

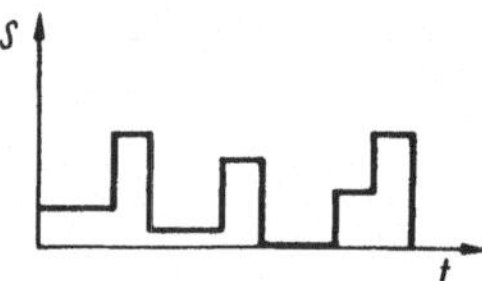

Unterdrückungsbereich

Der Bereich der Werte einer Meßgröße, oberhalb dessen eine Meßeinrichtung den Werteverlauf des Eingangssignals anzuzeigen oder in den Änderungsbereich des Ausgangssignals zu übertragen beginnt. DIN 1319, TGL 0-1319.

ursamat

Handelsname für das umfassende Bausteinsystem der DDR zur meßtechnischen Überwachung, Regelung und Steuerung von Verfahrens- und Produktionsprozessen. Das ursamat ist mit ähn-

lichen Systemen (URS) der Mitglieds-
länder des RGW kombinierbar. Es umfaßt die Zweige:

Informationsgewinnung,
elektrische Informationsverarbeitung
und -übertragung,
pneumatische Informationsverarbeitung und -übertragung,
Regler ohne Hilfsenergie.

V

Venturidüse (auch Venturirohr)

Meßfühler für die Messung des ↑*Volumenstroms* nach dem ↑*Wirkdruckverfahren.* Gegenüber den für dieses Verfahren
hauptsächlich angewendeten ↑*Blenden*
werden V. wegen des höheren Aufwands

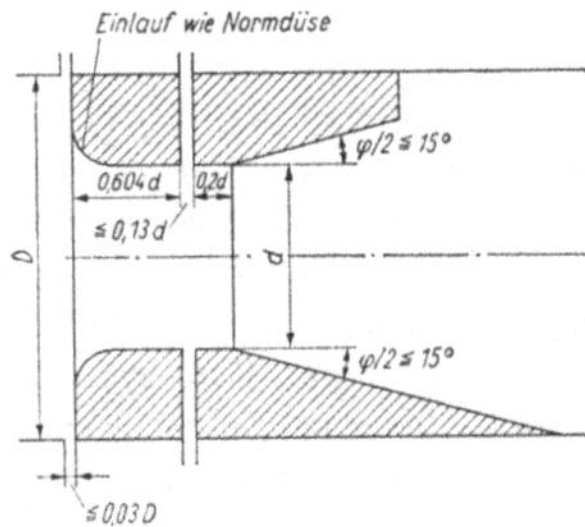

bei der Fertigung nur dann eingesetzt,
wenn ein besonders geringer bleibender
Druckverlust gefordert wird. Die für die
Wirkdruckbildung bestimmenden Maße
der V. sind in TGL 0-1952 festgelegt
(s. Bild). RA 32.

Venturikanal

Anlage zur Messung des ↑*Volumenstroms*
von Flüssigkeiten in offenen Gerinnen.
Die Flüssigkeit durchläuft einen Kanal
(s. Bild) mit rechteckigem Querschnitt,
der sich jedoch längs der eigentlichen
Meßstrecke ähnlich dem Längsschnitt
einer *Venturidüse* auf die Breite b_2 ver-
tngt. Die sich längs der Strömungsrich-
eung einstellende Höhendifferenz $h_1 - h_2$

ist dann ein Maß für den Volumenstrom.
V. sind besonders für die Messung von
feststoffhaltigen Flüssigkeiten (z. B. Ab-
wässer) geeignet. RA 32.

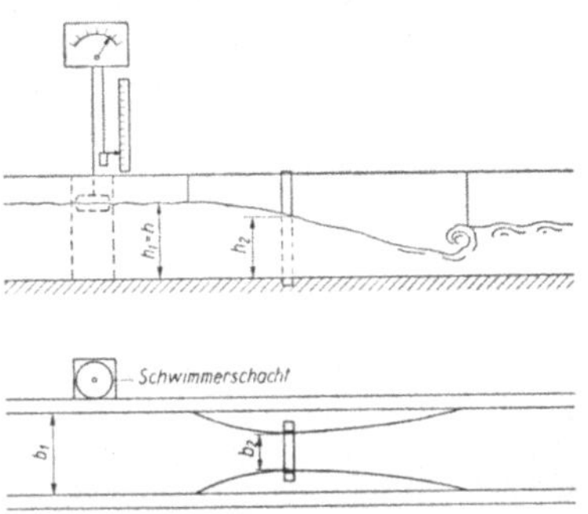

Venturirohr

↑*Venturidüse.*

Verbundwaage

Gleiswaage, die aus zwei oder mehreren
hintereinanderliegenden Gleiswaagen besteht, die zu einer gemeinsamen Wäge-
einrichtung zusammengefaßt sind.

Verdrängungsvolumen

Erreicht die Eingangsgröße eines Druck-
oder Differenzdruckumformers die obere
Grenze des Meßbereichs, so erfahren die
Plus- und Minusseite der ↑*Meßkammer*
eine Raumänderung, deren Zahlenwert
als V. bezeichnet wird. Dieses V. ist in
der Betriebsanleitung des Meßumformers sowohl für die Plus- als auch für
die Minusseite anzugeben.

Verdrängungszähler

↑*Kolbenzähler.*

Vergleichsstelle

Bei Temperaturmessungen mit ↑*Thermoelementen* die Stelle, an der die an einem
Temperaturmeßkreis beteiligten ↑*Thermopaare* miteinander verbunden werden
und an der der Übergang von den *Ausgleichsleitungen* zu den aus normalem
Leitungsmaterial bestehenden Übertra-

gungsleitungen erfolgt. Um die auch an
diesen Materialübergangsstellen auftretenden Thermospannungen kompen-
sieren und konstant halten zu können,
werden die Übergangsstellen räumlich
an einer V. zusammengefaßt. Wird die
hier auftretende Temperatur *(Vergleichstemperatur)* nicht durch Thermostaten konstant gehalten (z. B. 0 °C oder
50 °C), so müssen die sich aus den
Schwankungen der Vergleichstemperatur
ergebenden Fehlerspannungen an der V.
durch Erzeugung gleich großer Kom-
pensationsspannungen aufgehoben werden. RA 27.

Verstärker

V. sind ↑*Wandler*, bei denen Ein- und
Ausgangssignal die gleiche ↑*Dimension*
haben, d. h. der ↑*Übertragungsfaktor* dimensionslos wird und im allgemeinen
$x_a > x_e$ ist. Entsprechend den in der
BMSR-Technik verwendeten Hilfsener-
gien sind elektrische, pneumatische und
in geringerem Umfang auch hydraulische V. entwickelt worden.

Verstärkungsfaktor

In der allgemeinen Schwachstromtechnik
übliche Bezeichnung für den dimensionslosen ↑*Übertragungsfaktor* von elektrischen Verstärkern. Der V. ist der
Quotient aus der Änderung der Ausgangsgröße und der entsprechenden Änderung der Eingangsgröße:

$$K = \frac{\Delta x_a}{\Delta x_e} \, .$$

Da x_a und x_e die gleiche Dimension haben, ist der V. dimensionslos.

Verzugszeit

Aus der *Sprungantwort* $h\,(t)$ gewonnener
↑*Zeitkennwert* eines Gliedes einer Meß-,
Steuer- oder Regeleinrichtung. Die Ver-
zugszeit T_u (s. Bild ↑*Ausgleichszeit, Tot-
zeit*) gibt für ein lineares Glied höherer
Ordnung die Zeit an, die zwische dem

Beginn der Änderung des Ausgangssignals (bei vorangegangener Änderung
des Eingangssignals) und dem Schnitt-
punkt der Wendetangente W mit der
Abszisse liegt. TGL 145 l, DIN 19226.

Volumendurchfluß

Meßgröße, die die auf Volumeneinheiten
bezogene Strömungsgeschwindigkeit
gasförmiger und flüssiger Stoffe in Rohrleitungen charakterisiert (Dimension:
$[Q] = \dfrac{[V]}{[t]}$). Die Größe Q wird entweder als Regelgröße bei Gemischregelungen oder zur Überwachung der Strömungsvorgänge in den unzugänglichen
und undurchsichtigen Leitungen von
Verfahrensanlagen benötigt. ↑*Volumenstrom*.

Volumendurchflußmesser

Meßeinrichtung zur Bestimmung des
↑*Volumendurchflusses*. Zu den V. gehören u. a. die nach dem ↑*Wirkdruckverfahren* arbeitenden Geräte, die ↑*induktiven Durchflußmesser* und die *Schwebekörper-Durchflußmesser*. Außerdem
können Volumenmesser nach Differentiation ihres Ausgangssignals zur Messung des Volumendurchflusses ausgenutzt werden.

Volumenstrom

Für die Meßgröße ↑*Volumendurchfluß*
$\left(\text{Dimension: } [Q] = \dfrac{[V]}{[t]}\right)$ nach DIN
5492 vorgeschlagener Begriff, um Wort-
verbindungen mit dem bisher nicht eindeutig angewendeten Begriff *Durchfluß*
zu vermeiden.

Volumenzähler

Gerät zur Bestimmung des durch eine
Rohrleitung in einem Zeitabschnitt
transportierten Flüssigkeits- oder Gas-
volumens. Bei konstanter Dichte des

transportierten Mediums können die Skalen von V. auch in Masseneinheiten (g, kg, t) geeicht werden.

Volumenzähler für Flüssigkeiten: Wälzkolben-, Ringkolben-, Drehkolben-, Hubkolben-, Treibschieberzähler u. a. Volumenzähler für Gase: Drehkolben- und Balgenzähler.

Volumetrische Meßwertübertragung

Bei der Differenzdruckmessung und der Durchflußmessung nach dem ↑ *Wirkdruckverfahren* (s. Bild) verwendete Methode, um die Drucksignale von den Meßorten *1* und *2* in die ↑ *Meßkammern 3* und *4* des eigentlichen Differenzdruckwandlers *5* zu übertragen. Die Drucksignale werden dabei von den Membranen *6* und *7* auf eine inkompressible Füllflüssigkeit übertragen und über Kapillarleitungen an die eigentliche Meßmembran *8* geleitet. Die dem Differenzdruck entsprechende Belastung der Membran wird als Weg oder als Kraft über einen Stößel einem meist nach dem Prinzip der ↑ *Kraftkompensation* arbeitenden Wandler zugeführt, der das Eingangssignal auf eine für die weitere Informationsverarbeitung geeignete Ausgangsgröße x_a abbildet.

Die V. wird angewendet, wenn das Meßmedium auf Grund seiner Temperatur, Viskosität, Aggressivität oder auf Grund

anderer Eigenschaften für eine direkte Berührung mit der Meßmembran ungeeignet ist oder vom Meßfühler ferngehalten werden soll.

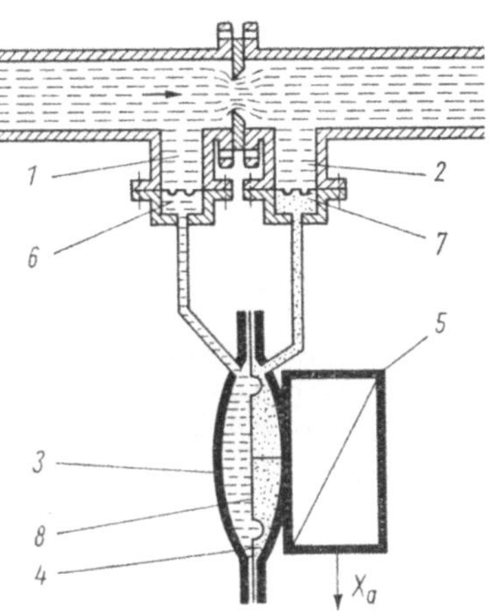

Vorsätze für gesetzliche Einheiten

Die ↑ *Tafel der gesetzlichen Einheiten* sieht für die meisten dort festgelegten Maßeinheiten die Möglichkeit zur Bildung dezimaler Vielfacher und Teile vor. Die dafür vorgesehenen gesetzlichen Vorsätze sowie deren Kurzzeichen und Wertigkeit sind der nachfolgenden Tabelle zu entnehmen:

Vorsatz	Kurzzeichen	Bedeutung	
Tera	T	1 000 000 000 000 (10^{12})	Einheiten
Giga	G	1 000 000 000 (10^{9})	Einheiten
Mega	M	1 000 000 (10^{6})	Einheiten
Kilo	k	1 000 (10^{3})	Einheiten
Hekto	h	100 (10^{2})	Einheiten
Deka	da	10 (10^{1})	Einheiten
Dezi	d	0,1 (10^{-1})	Einheiten
Zenti	c	0,01 (10^{-2})	Einheiten
Milli	m	0,001 (10^{-3})	Einheiten
Mikro	µ	0,000 001 (10^{-6})	Einheiten
Nano	n	0,000 000 001 (10^{-9})	Einheiten
Pico	p	0,000 000 000 001 (10^{-12})	Einheiten
Femto	f	10^{-15}	Einheiten
Atto	a	10^{-18}	Einheiten

Vorwärtsregelung

Veralteter Begriff (heute *Steuerung*) für eine offene Steuerkette, der im Gegensatz zu dem ebenfalls veralteten Begriff ↑*Rückwärtsregelung* verwendet wurde.

Vorzugsmaße

Geometrische Reihen für die Festlegung von Konstruktionsmaßen. Die Reihen der V. entsprechen den *Rundwerten* der Reihen R_a5, R_a10, R_a20 und R_a40 der ↑*Vorzugszahlen*. Die im Normenwerk festgelegten V. gelten für alle Konstruktionsmaße, die nicht von anderen gegebenen Größen abhängen.

Vorzugszahlen (Normzahlen)

Geometrische Reihen für die Festlegung der Kenngrößen von BMSR-Einrichtungen (z. B. für Meßbereiche, Nenndrücke, Nennweiten, Fehlerklassen). Der Stufensprung a der zu geometrischen Reihen geordneten Vorzugszahlen ist gemäß $a = \sqrt[n]{10}$ so festgelegt, daß eine Dekade in 5, 10, 20, 40 oder (in Ausnahmefällen) 80 Stufen unterteilt wird. Die danach errechneten *Genauwerte* werden zu *Hauptwerten* und *Rundwerten* gerundet. (DIN 323, TGL 0-323)

Beispiel:

Für die Reihe R 5 (5fach gestufte Dekade) gelten folgende Werte:

Genauwerte	1,0000	1,5849	2,5119	3,9811	6,3096	10,0000
Hauptwerte R 5	1,00	1,60	2,50	4,00	6,30	10,00
Rundwerte R_a 5	1	1,5	2,5	4	6	10

W

Wägemaschinen

Wägeeinrichtungen, mit denen Wägungen durchgeführt werden können, ohne daß Handgriffe zur Bedienung des eigentlichen Wägemechanismus erforderlich sind. Zu den W. gehören auch Neigungswaagen, Federwaagen sowie elektrische Waagen.

Wägen

Feststellen der unbekannten Masse eines Körpers. ↑*Abwägen.*

Wägeverfahren

Verfahren zur Messung des Inhalts oder des Füllstands von mit Flüssigkeiten oder Schüttgütern gefüllten Behältern, das auf der Messung von Auflagerkräften beruht. Der Behälter muß dabei so gelagert sein, daß die Auflagerkräfte statisch eindeutig und ohne störende Querkräfte (z. B. Krafteinleitung über Kugelkörper, s. Bild) bestimmt werden können. Die Kräfte selbst werden mit

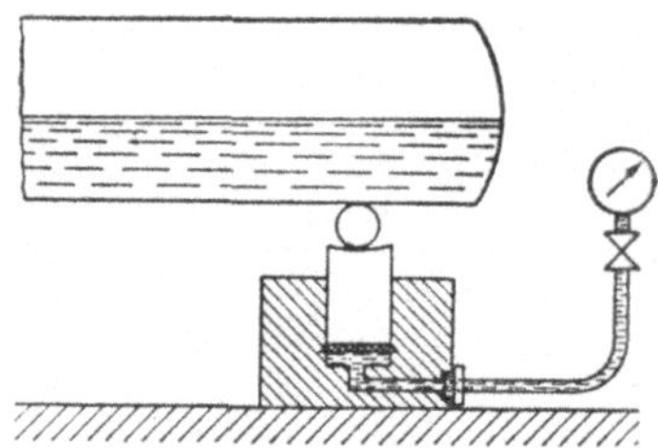

elektrischen (↑*Dehnungsmeßstreifen,* ↑*Differentialtransformator*) oder hydraulischen (s. Bild) Kraftmeßdosen bestimmt. RA 31.

Wälzkolbenzähler

Flüssigkeitsvolumenzähler, bei denen zwei ovale (daher auch *Ovalradzähler*) Rotationskolben *1* und *2* (s. Bild) durch

eine Verzahnung in jeder Stellung form-
schlüssig miteinander verbunden sind.
Der Druckunterschied zwischen dem
Flüssigkeitseinlauf *3* und dem Auslauf *4*
bewirkt eine Rotation der Wälzkolben,
wobei jeder Kolben nach jeweils einer

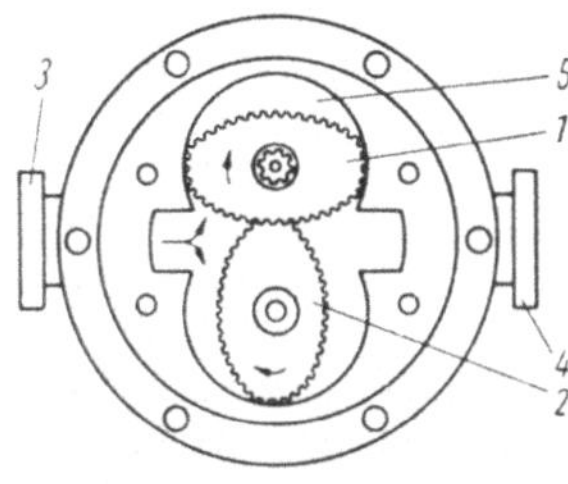

Umdrehung von 180° eine Teilmenge
von der Größe des halbmondförmigen
Kammerraums *5* vom Zählereinlauf zum
Auslauf transportiert. Die Drehung
eines der Kolben wird über eine Magnetkupplung aus dem Meßraum auf ein
↑*Zählwerk* bzw. an geeignete Impulsgeber übertragen. W. sind für den eichpflichtigen Verkehr zugelassen. Im Normalfall können sie für Flüssigkeiten mit
einer Viskosität bis zu 40 cP eingesetzt
werden. RA 32; TGL 42-125.

Wandler

Oberbegriff für alle Bauglieder einer
BMSR-Wirkungskette, die ein ↑*Eingangssignal* in ein von diesem abhängiges,
aber unterschiedliches ↑*Ausgangssignal*
übertragen. Der Unterschied zwischen
beiden Signalen kann in der ↑*Dimension*,
dem ↑*Informationsparameter* oder in
dessen ↑*Wertevorrat* liegen. Digital arbeitende W. heißen *Umsetzer*, analog
arbeitende *Umformer*. ↑*Verstärker* sind
Umformer, bei denen Eingangs- und
Ausgangssignal die gleiche Dimension
haben. W., die Meßzwecken dienen, werden als Meßwandler, Meßumformer,
Meßumsetzer oder Meßverstärker bezeichnet.

Wärmeleitfähigkeitsverfahren

Verfahren zur Analyse von Gasgemischen, bei dem das zu analysierende Gas
mit einem Vergleichsgas verglichen wird.
Beide Gase werden durch entsprechend
zngeordnete Kammern geleitet, die sich
meist in einem Metallblock befinden und
in denen ein dünner, elektrisch vorge-
heizter Platindraht ausgespannt ist. Entsprechend der Wärmeleitfähigkeit der
Gase nehmen die in den Kammern befindlichen Drähte unterschiedliche Temperaturen an, die sich gleichzeitig auf
den Widerstand der Drähte abbilden.
Die endgültige Wandlung des Konzen-
trationssignals in ein für die Anzeige
oder die Informationsverarbeitung geeignetes Signal erfolgt in den meisten
Fällen über ↑*Brückenschaltungen* (s.
Bild). RA 22.

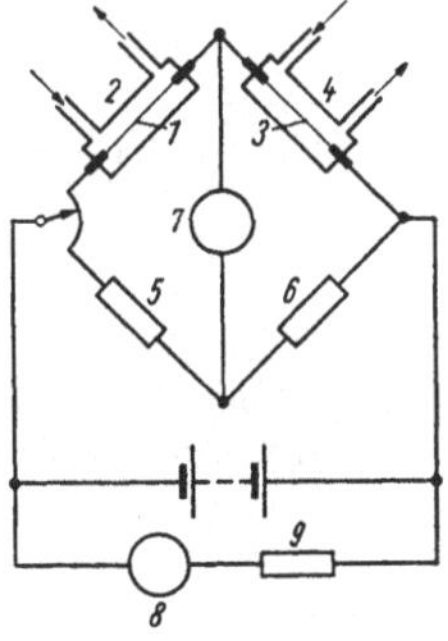

Wärmetönungsverfahren

Verfahren zur Analyse von Gasgemischen, bei dem der bei chemischen Re-
aktionen auftretende Wärmeumsatz zur
Gewinnung von Meßwerten ausgenutzt
wird. Das Meßgas wird in einer speziellen
Kammer mit einem Reaktionsmittel zu-
sammengebracht und dort die Reaktion
(evtl. in Gegenwart eines Katalysators)
ausgelöst. Die dabei entstehende Wärme
wird üblicherweise von einem speziellen
Widerstandsmeßfühler auf eine Widerstandsänderung abgebildet und in einer

↑*Brückenschaltung* in ein für die Informationsverarbeitung oder für die Meßwertanzeige geeignetes Signal gewandelt. RA 22.

Wasserschutz

Betriebsmeßgeräte werden häufig in Produktionsräumen montiert und sind dort im Rahmen von Produktions- und Reinigungsprozessen der Einwirkung von Spritz- oder Schwallwasser ausgesetzt. Sie müssen daher den für jeden Gerätetyp in den *speziellen* ↑*Betriebsbedingungen* geforderten ↑*Schutzgraden* genügen und außerdem den Berührungs-, Fremdkörper- und Staubschutz erfassen.

Wasserzähler

Flüssigkeitsvolumenzähler für das Meßmedium Wasser. Als W. für die Hauswasserversorgung und für industrielle Verbraucher werden hauptsächlich ↑*Flügelradzähler*, ↑*Woltmanzähler* und ↑*Ringkolbenzähler* eingesetzt.

Wartung

Betriebsmeßgeräte bedürfen in einem vom Hersteller festzulegenden Zyklus einer W., in der die Gängigkeit mechanischer Anordnungen durch Ölen, Reinigen, Nachjustieren oder Auswechseln von Bauteilen gewährleistet wird. Bei elektronischen Bauelementen müssen insbesondere Röhren nach der vorgeschriebenen Betriebszeit ausgewechselt werden. Zur W. gehört auch das Nachfüllen von Vorratslösungen, wie Schreibtinte *(↑Registriergeräte)* oder von Reaktionslösungen (Analysenmeßeinrichtungen). Der W.-Aufwand ist ein wichtiges Merkmal der Güte von Betriebsmeßeinrichtungen. Durch die Verwendung geeigneter Bauelemente (Transistoren) und durch konstruktive Maßnahmen muß der W.-Aufwand ständig gesenkt werden. RA 17.

Wegradizierung

Methode zur Radizierung des Wirkdrucksignals bei der Durchflußmessung nach dem ↑*Wirkdruckverfahren.* ↑*Ringwaage.*

Weißes Rauschen

↑*Rauschen.*

Werteverlauf

Entsprechend der Definition einer ↑*physikalischen Größe* als Produkt aus ↑*Zahlenwert* und ↑*Einheit* stellt der W. die Schwankungen des Zahlenwerts in Abhängigkeit von der Zeit oder einem anderen Parameter dar.

Wertevorrat

Der W. stellt die Summe aller Zahlenwerte dar, die eine ↑*Meßgröße* oder ein ↑*Informationsparameter* innerhalb eines verabredeten Änderungsbereichs (Meßbereich) annehmen kann. Bei diskreten Signalen kann der Informationsparameter nur endlich viele (diskrete) Werte annehmen. Innerhalb eines ↑*Wandlers* wird der W. der Eingangsgröße in den W. der Ausgangsgröße übertragen.

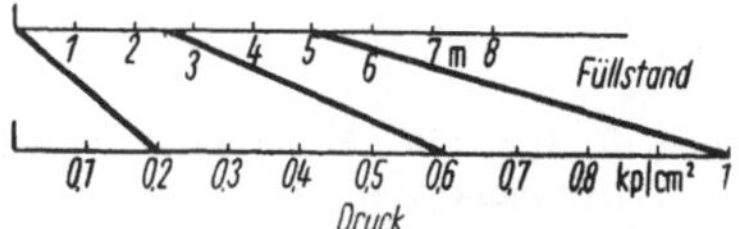

Beispiele:

Der Füllstand eines Behälters kann zwischen 0 bis 5 m schwanken. Er soll zur Anzeige und zur Weiterverarbeitung des Signals in das *pneumatische* ↑*Einheitssignal* 0,2 bis 1 kp/cm² übertragen werden (s. Bild).

Wertevorrat der Meßgröße: 0 bis 5 m.

Wertevorrat des Informationsparameters des Einheitssignals: 0,2 bis 1 kp/cm².

Wheatstone-Brücke

Grundform aller ↑*Brückenschaltungen.* Vier relle Widerstände sind in einem Viereck angeordnet, dessen eine Diagonale zur Einspeisung der Energie dient, während an den beiden freien Diagonalpunkten bei Betrieb der Brücke im ↑*Nullverfahren* der ↑*Nullindikator* angeschlossen ist. Arbeitet die Brücke im ↑*Ausschlagverfahren,* so wird an den beiden freien Diagonalpunkten die Ausgangsgröße U_a direkt abgegriffen (s. Bild b).

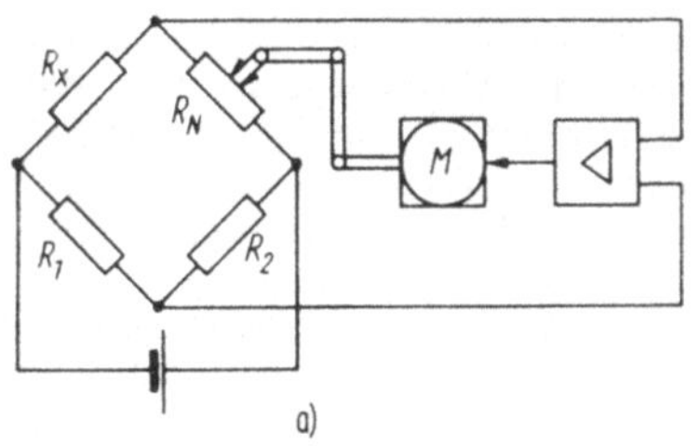

Das *Nullverfahren* kann mit Handabgleich oder, wie bei BMSR-Geräten üblich, mit selbsttätigem Abgleich arbeiten (s. Bild a).

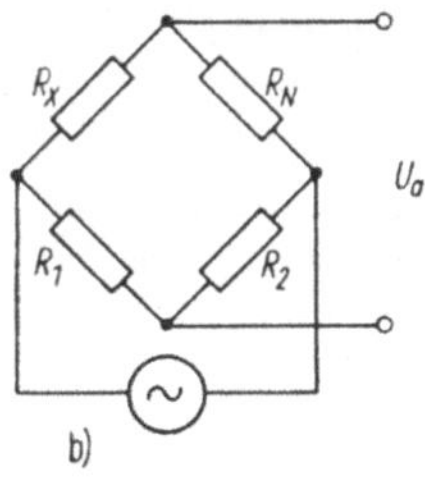

Abgleichbedingung:

$$U_d = 0, \text{ wenn}$$

$$\frac{R_x}{R_n} = \frac{R_1}{R_2}.$$

Schwankungen der Speisequelle gehen beim Nullverfahren nur geringfügig in die Empfindlichkeit des Abgleichkreises ein. Die Meßgenauigkeit wird nicht beeinflußt.

Im *Ausschlagverfahren* muß die Brücke durch eine Konstantspannungsquelle gespeist werden. Die statische Kennlinie $U_d = f(R_x)$ kann nur in der Nähe des Brückenabgleichs als linear angesehen werden.

In der BMSR-Technik wird sowohl das Nullverfahren mit selbsttätigem Abgleich als auch das Ausschlagverfahren zur Messung der Abbildungsgröße Widerstand eingesetzt. Der unbekannte Brückenwiderstand R_x wird dabei durch Widerstandsthermometer, Dehnungsmeßstreifen, Potentiometer usw. gebildet und dient zur Messung von Temperatur, Feuchte, Kraft, Dehnung, Abstand, Winkel und von anderen Größen, die sich als Widerstand abbilden lassen.

Widerstandsthermometer

Temperatur-↑*Meßfühler,* der als temperaturempfindlichen Teil einen elektrischen Wirkwiderstand enthält. Ein komplettes W. besteht aus dem eigentlichen ↑*Meßwiderstand,* dem ↑*Meßeinsatz* und dem je nach Verwendungszweck verschieden geformten ↑*Schutzrohr* (siehe Bild). Das durch die Temperaturschwankungen ausgelöste Meßsignal wird

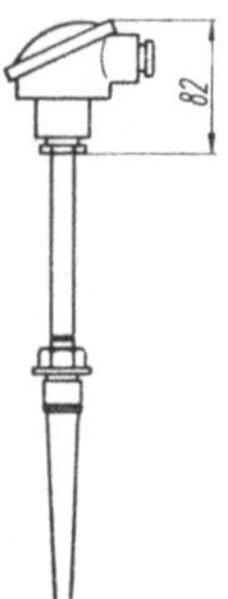

im Meßwiderstand auf den Widerstandswert des Meßwiderstands abgebildet. Das dadurch entstehende analoge Abbildungssignal wird entweder direkt einem ↑*Drehspul-* oder ↑*Kreuzspulmeßwerk* zur

Anzeige zugeführt oder über eine ↑*Brük-kenschaltung* durch einen weiteren Wandlungsprozeß auf eine Spannung abgebildet. Dieses Spannungssignal kann als Eingangssignal für den informationsverarbeitenden Teil eines Reglers verwendet werden. Soll die Temperatur durch ein Kompensationsmeß- oder Kompensationsregistriergerät angezeigt werden, so dient das Spannungssignal als Führungsgröße für den Kompensationskreis.

RA 27.

Moerder, C.: Quotienten- und Produktanzeigegeräte. Hamburg und Berlin 1963.

Wien-Brücke

W. entsprechen in ihrem Aufbau der ↑*Wheatstone-Brücke*, enthalten jedoch zusätzlich zu deren reellen Widerständen parallel- oder in Reihe geschaltete Kapazitäten. Anwendung u. a. zur Frequenzmessung und zur Messung von Scheinwiderständen.

Krönert: Meßbrücken und Kompensatoren, Bd. 1. München 1935.

Wien-Robinson-Brücke

Entspricht in ihrem Grundaufbau der ↑*Wheatstone-Brücke*. Wegen des unsymmetrischen Aufbaus (s. Bild) ist sie frequenzabhängig und kann bei zweckmäßiger Bemessung (für $R_1 = 2 R_2$; $R_3 = R_4 = R$; $C_3 = C_4 = C$ wird $\omega = 1/RC$) zur Frequenzmessung und zur Schwingungserzeugung benutzt werden.

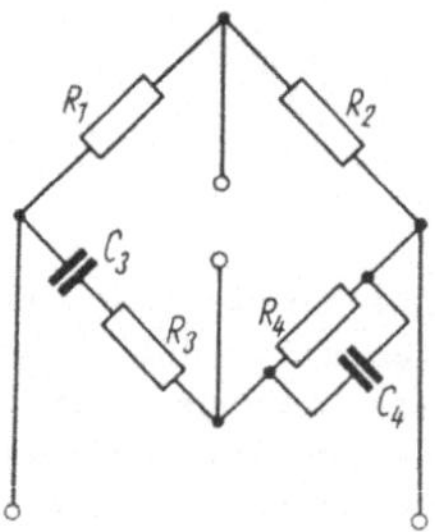

Wirbelstromtachometer

Meßfühler für Drehgeschwindigkeiten. Ein umlaufender Ringmagnet erzeugt in einem federgefesselten Kurzschlußanker ein Wirbelfeld, das eine drehzahlproportionale Auslenkung des Ankers verursacht. Die W. werden als anzeigende Meßgeräte für die Drehzahlmessung an Kraftfahrzeugen, Werkzeugmaschinen, Dieselmotoren und Getrieben eingesetzt.

Wirkdruckgeber

Sammelbegriff für die ↑*Meßfühler* des Wirkdruckverfahrens. Die W. bilden die ↑*Meßsignale* der Meßgröße ↑*Volumenstrom* (Durchfluß) auf einen Differenzdruck ab, der dann in Rechengliedern radiziert und nach weiterer Wandlung angezeigt oder dem informationsverarbeitenden Teil einer BMSR-Einrichtung zugeführt wird. Zu den W. gehören die ↑*Blenden*, ↑*Düsen* und ↑*Venturidüsen*. RA 32.

Wirkdruckverfahren

Verfahren zur Messung des Durchflusses Q von Gasen und Flüssigkeiten. Das W. beruht auf der ↑*Bernoullischen Gleichung*, aus der die Beziehung

$$Q = c \sqrt{\Delta p}$$

für den Druckabfall an einer Querschnittsverengung (s. Bild) abgeleitet ist. Die Dimension von Q ist entweder

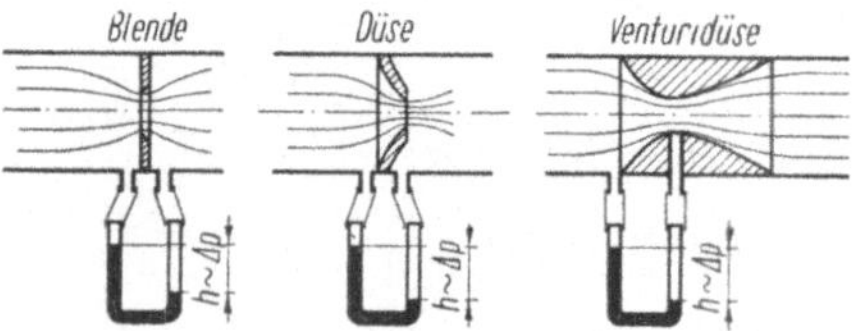

V/t oder m/t (Volumen/Zeit oder Masse/Zeit). Die Meßeinrichtungen für den Differenzdruck müssen mit einer meist analog arbeitenden Radiziervorrichtung

ausgestattet sein, um ein dem Durchfluß proportionales Ausgangssignal abgeben zu können. Als Meßeinrichtung
für den Wirkdruck werden verwendet:
↑*Ringwaagen*, kompakte Quecksilber-
U-Rohr-Differenzdruckmesser mit einge-
bauter Radizierung und Anzeige sowie
Membran-Differenzdruckmesser, die entweder nach dem ↑*Ausschlagverfahren* mit
mechanischer Radizierung oder nach
dem ↑*Kraftkompensationsverfahren* mit
elektrischer Radizierung arbeiten.
RA 32.

Wirkungsweg

Der Weg innerhalb eines durch ↑*Blöcke*
symbolisierten ↑*Signalflußplans*, längs
dessen die den Meß-, Regel- oder Steuer-
vorgang bestimmenden Wirkungen übertragen werden.

Wobbezahlmessung

Die Wobbezahl Wo eines brennbaren
Gases ist als

$$\text{Wo} = \frac{\text{Heizwert}}{\sqrt{\text{Dichte}}}$$

definiert. Sie wird besonders von gasverbrauchenden Betrieben zur Kontrolle
der Zusammensetzung der angelieferten
Gase gemessen. RA 22.

Woltmanzähler

Flüssigkeitsvolumenzähler, der als strömungsempfindliches Glied einen Rotor
mit schraubenförmigen Meßflügeln enthält. Die W. gehören zu den *Turbinenzählern* und sind damit mittelbare Volumenzähler. Sie haben nur einen geringen ↑*Druckverlust* und werden hauptsächlich für die Messung von warmem
und kaltem Wasser eingesetzt. Die üblichen Typen haben Nennweiten zwischen 50 und 150 mm. Ausführungen
bis NW 1000 sind möglich. RA 32.

Z

Zählende Meßeinrichtung

↑*Zähler*.

Zahlenwert

↑*Physikalische Größen* und ↑*Meßwerte*
eines ↑*Meßergebnisses* werden als Produkt aus Z. und *Einheit* aufgefaßt. Der
Z. des gleichen Meßwerts ist daher von
der gewählten Einheit abhängig.

Beispiel :

$$I = 5\,\text{mA};$$

I physikalische Größe

5   Zahlenwert,

mA   Einheit.

Zahlenwertgleichung

Z. sind Gleichungen, in denen alle For-
melzeichen Zahlenwerte bedeuten. Die
Gleichungen werden für Rechenvor-
schriften bei häufig wiederkehrenden
Rechenoperationen verwendet.
Korrekte Schreibweise:

$$\{Q\} = \{C\}\,\{U\}\,10^{-3}\,10^{6};$$

U in kV,

C in µF,

Q in As.

Der vielfach üblichen Schreibweise

$$Q = 10^{6}\,C \cdot 10^{-3}\,U;$$

U in kV,

C in µF,

Q in As

ist die ↑*Größengleichung* oder die ↑*zuge-
schnittene* ↑*Größengleichung* vorzuziehen.

Zähler

Oberbegriff für alle Meßeinrichtungen
oder ↑*Sekundärgeräte*, deren jeweiliges
Ausgangssignal gleich dem über einen

bestimmten Zeitabschnitt gebildeten Integral der Werte des Eingangssignals ist:

$$x_a = \int\limits_{t_1}^{t_2} x_e \, dt \ .$$

In der Praxis werden die Z. häufig als schrittweise arbeitende Summiereinrichtungen aufgebaut:

$$x_a = \sum\limits_{t_1}^{t_2} x_e \, \Delta t \ .$$

Beispiele: ↑*Volumenzähler,*

Amperestundenzähler,

Kilowattstundenzähler,

Kilometerzähler,

Impulszähler.

Zählwerk

↑*Rollenzählwerk.* ↑*Zeigerzählwerk.*

Zeiger

Der Z. eines Meßgeräts ist die *Marke,* an der der jeweils vorliegende Wert der Meßgröße abgelesen werden kann. Die Z. von ↑*Dreh-* oder ↑*Kreuzspulmeßwerken* müssen einerseits aus dynamischen Gründen ein kleines Trägheitsmoment haben (von der Masse und der Form des Zeigers abhängig) und andererseits genügend stabil sein, um Erschütterungen und Überlastungsstößen zu widerstehen.

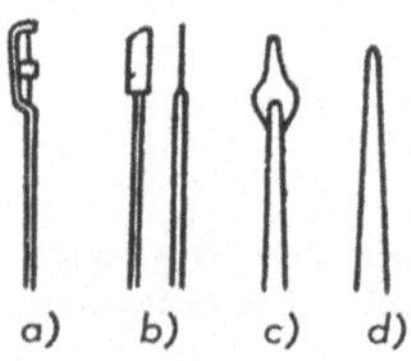

Für Labor- und Feinmeßgeräte werden hauptsächlich *Fadenzeiger* (s. Bild a) oder *Messerzeiger* (s. Bild b) mit Spiegelunterlage verwendet. In Galvanometern finden *Lichtzeiger* Anwendung, bei denen die Ablesemarke über einen Lichtstrahl von einem am Rahmen der Meßspule befestigten Spiegel bewegt wird.

In Betriebsmeßgeräten finden wegen der größeren Entfernung zwischen Beobachter und Meßgerät hauptsächlich *Lanzen-* oder *Keulenzeiger* Verwendung (s. Bilder c und d).

Zeigerzählwerk

Einrichtung zur digitalen Informationsausgabe an den Menschen, bei der jeder Dekade des Änderungsbereichs des Ausgangssignals eine Kreisskale mit zehn Teilstrichen (s. Bild a) zugeordnet ist. Die Zeiger dieser Skalen bewegen sich

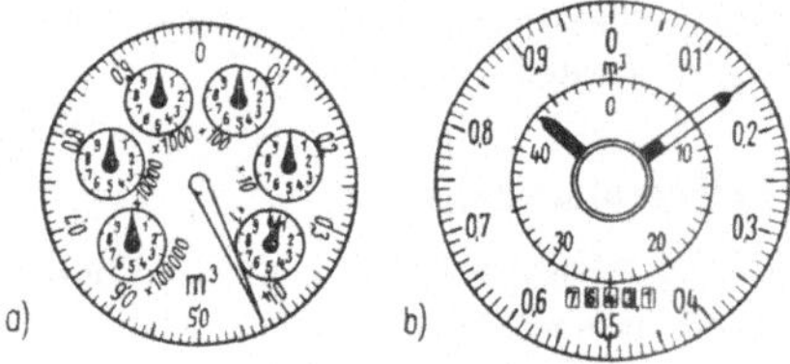

stetig und können daher alle Zwischenwerte zwischen zwei Teilstrichen annehmen. Dadurch wird gegenüber den ↑*Rollenzählwerken* die Ablesung erschwert. Die Antriebsachse eines Z. wird bei jedem Zählschritt gleichmäßig belastet. Wegen der ungünstigen Ablesemöglichkeit werden Z. heute nur noch für Gas- und Wasserzähler oder in Verbindung mit einem Rollenzählwerk für die letzte Dekade von ↑*Volumenzählern* angewendet (s. Bild b). Z. können auch rückstellbar ausgeführt werden.

Zeitkennwerte

Aus der *Sprungantwort* eines Gliedes einer Meß-, Steuer- oder Regeleinrichtung gewonnene Kennwerte, die zur Beurteilung des dynamischen Verhaltens des Gliedes dienen und aus denen mit

Hilfe aufbereiteter Diagramme und Rechenvorschriften dessen Struktur ermittelt und die Übertragungsfunktion aufgestellt werden kann. Zu den Z. gehören die ↑*Totzeit*, die ↑*Verzugszeit* und die ↑*Ausgleichszeit*. RA 1; TGL 14591, DIN 19226.

Zeitkonstante

Technische Systeme, die durch eine Differentialgleichung erster Ordnung von der Form

$$T\dot a + a = c$$

beschrieben werden können, antworten auf einen Eingangssprung $c > 0$ durch

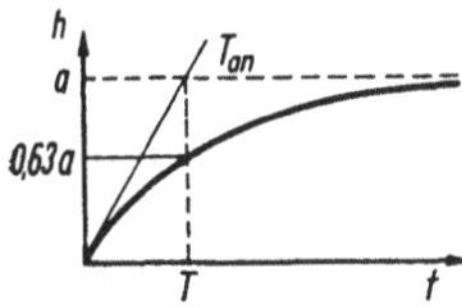

einen zeitlichen Verlauf der Ausgangsgröße a nach

$$a = c\,(1 - e^{-t/T}).$$

Die Größe T hat die Dimension einer Zeit und wird als *Zeitkonstante* bezeichnet. Sie gibt die Zeit an, nach der die Ausgangsgröße 63,2% des stationären Endwerts erreicht hat.

Im Bild einer ↑*Sprungantwort* $h\,(t)$ oder einer ↑*Übergangsfunktion* kann die Z. als Abszisse T des Schnittpunkts der Anstiegstangente Tan (s. Bild) im Zeitpunkt 0 und der Geraden $a = c$ (statischer Endwert) abgelesen werden.

Beispiele:

1. Aufladung eines Kondensators

$$U_{\mathrm c} = U_{\max}\,(1 - e^{-t/T});$$

$$T = RC.$$

2. Erwärmung eines Körpers, um die Temperatur $\Delta\vartheta = \vartheta_2 - \vartheta_1$

$$\vartheta = (\vartheta_2 - \vartheta_1)\,(1 - e^{-t/T}).$$

Zentralwarte

Zusammenfassung der Betriebsmeßgeräte sowie der Steuer- und Regeleinrichtungen eines ganzen Werkes in einer ↑*Meßwarte*. Die Z. haben entweder nur die Aufgabe, den Betriebszustand des gesamten Werkes darzustellen und eine ständige Bilanzierung durchzuführen (Eingriffsmöglichkeit in den Prozeß fehlt) oder den Betriebsablauf durch Führungsgrößenänderungen von Hand, über *Prozeßrechner* oder über selbsttätige Programmgeber zu beeinflussen. RA 49.

Ziffernskale

↑*Skale.*

Zufälliger Fehler

↑*Fehler.*

Zugeschnittene Größengleichung

↑*Größengleichung.*

Zusatzfehler

↑*Fehler.*

Zuverlässigkeit

Die Z. eines Systems (z. B. BMSR-Einrichtung, Wandler, Bauelement) ist eine quantitative Aussage für die Wahrscheinlichkeit, daß dieses System seine Funktion in einem bestimmten Zeitraum unter festgelegten *Betriebsbedingungen* innerhalb einer festgelegten Toleranz beibehält. Die Z. eines Gliedes einer BMSR-Einrichtung oder einer kompletten

BMSR-Einrichtung kann sowohl experimentell ermittelt als auch berechnet werden. Die Berechnung erfolgt mit Hilfe der Wahrscheinlichkeitstheorie aus der Z. der beteiligten Bauelemente. Bei der experimentellen Bestimmung der Z. werden die Ergebnisse von Dauerversuchen unter Betriebsbedingungen statistisch ausgewertet. RA 28.

Rehan, I. P.: Fragen der Zuverlässigkeit elektronischer Geräte. Nachrichtentechnik *11* (1961) 9, S. 396—401.

Zweipoltheorie

Die Z. untersucht elektrische Schaltungsgebilde, die einen zweipoligen ↑*Signal*-Eingang oder -Ausgang haben. Sie führt das Verhalten derartiger Gebilde auf ein ↑*Ersatzschaltbild* mit einer minimalen Anzahl von aktiven, passiven und Speicherbauelementen zurück. Diese Elemente können im ↑*Strom*- oder ↑*Spannungsersatzschaltbild* dargestellt werden.

Zweipunktsignal

↑*Diskretes Signal.*